양식 조리기능사 실기

박지형 · 박상희 · 박영미 · 송연미 공저

일진사

머리말

　요리의 사전적인 의미를 보면 '그대로는 먹을 수 없는 소재를 가공하여 먹을 수 있는 것으로 변화시키거나, 식품을 보다 먹기 좋은 상태로 변화시키는 가공 기술 또는 그 제품'이라고 정의하고 있습니다. 생명을 유지하여 종족을 보존하려는 본능에 따라 먹이를 찾아 자연 그대로의 식품을 취하는 동물과는 달리, 인간에게 있어 먹거리는 본능적 욕구에 더하여 형이상학적인 욕구를 채워 줄 수 있는 요리로 만들어집니다.

　서양은 우리와 문화적 풍습이나 지리적 요건이 매우 다르기에 그 지역의 자연 환경과 역사, 문화를 대변해 줄 수 있는 요리 또한 우리나라를 비롯한 동양 여러 나라의 요리와는 다른 점이 매우 많습니다. 마치 바로 옆에 붙어사는 이웃들의 음식 맛 또한 다르듯이 말입니다.

　서양 각 나라의 개성 강한 요리를 서양 요리라는 이름 하나로 묶기에는 어려운 점이 많았지만, 요리라는 것이 작은 접시 안에 함축된 이야기를 담아낼 수 있는 것처럼, 이 한 권의 그릇에 감히 서양 요리를 함축하여 담아 보았습니다.

　이 책에서는 서양 요리의 가장 기본적인 기능을 습득하여 양식 조리 기능사 시험에 대비할 수 있도록 시험 요령을 자세하게 설명해 놓았습니다. 진행 순서별로 나열한 조리법과 요구 사항을 꼼꼼히 읽어 보고 많은 반복 연습을 통하여 완전하게 소화한다면 반드시 좋은 결과가 있으리라 생각하며, 생소하지만 서양 요리에 자주 사용하는 용어들을 익혀 둔다면 반드시 앞으로 현장에 나가서 적응하는 데도 많은 도움이 되리라 생각합니다. 또한 책의 뒷면에는 가정에서도 손쉽게 만들 수 있는 쉽고 간단한 서양 요리 몇 가지를 종류별로 나눠 정리하였습니다. 시험 위주의 반복 연습 중간중간에 우리 입맛에 맞는 색다른 서양 요리를 접해 보기 바랍니다.

부족한 점도 많겠으나 많은 강의 경험을 통하여 습득한 요령들을 이 책에 모두 쏟아 놓았습니다. 양식 조리 기능사 자격증을 필요로 하는 모든 분들에게 저의 지식이 보탬이 되어 반드시 합격의 보람을 얻을 수 있게 되길 바라며, 또한 서양 요리의 기본을 익히고자 하는 분들에게도 서양 요리에 좀 더 가까이 다가갈 수 있는 계기가 되길 기대합니다.

이 책을 만들 수 있도록 기회를 주시고 출판에 애써 주신 일진사 관계자 여러분께 감사드리고, 사진 촬영과 원고 정리에 도움을 주신 정헌주 실장님과 김은경 선생님에게도 감사드립니다. 마지막으로 시작과 마지막을 늘 곁에서 같이 해 준 조리과 1기 학생들에게 진심으로 감사의 말을 전하고 싶습니다.

저자 씀

출제 기준(실기)

직무 분야	음식 서비스	중직무 분야	조리	자격 종목	양식 조리 기능사	적용 기간	2023.1.1~2025.12.31

직무 내용 : 양식 메뉴 계획에 따라 식재료를 선정, 구매, 검수, 보관 및 저장하며 맛과 영양을 고려하여 안전하고 위생적으로 음식을 조리하고 조리기구와 시설관리를 수행하는 직무이다.

수행 준거 : 1. 음식 조리작업에 필요한 위생 관련 지식을 이해하고, 주방의 청결상태와 개인위생 · 식품위생을 관리하여 전반적인 조리작업을 위생적으로 수행할 수 있다.
2. 주방에서 일어날 수 있는 사고와 재해에 대하여 안전기준 확인, 안전수칙 준수, 안전예방 활동을 할 수 있다.
3. 기본 칼 기술, 주방에서 업무수행에 필요한 조리 기본 기능, 기본 조리 방법을 습득하고 활용할 수 있다.
4. 육류, 어패류, 채소류 등을 활용하여 양식 조리에 사용되는 육수를 조리할 수 있다.
5. 식욕을 돋우기 위한 요리로 육류, 어패류, 채소류 등을 활용하여 곁들여지는 소스 등을 조리할 수 있다.
6. 각종 샌드위치를 조리할 수 있다.
7. 어패류 · 육류 · 채소류 · 유제품류 · 가공식품류를 활용하여 단순 샐러드와 복합 샐러드, 각종 드레싱류를 조리할 수 있다.
8. 어패류 · 육류 · 채소류 · 유제품류 · 가공식품류를 활용하여 조식 등에 사용되는 각종 조식요리를 조리할 수 있다.

실기 검정 방법	작업형	시험 시간	70분 정도

실기 과목명	주요 항목	세부 항목
양식 조리 실무	1. 음식 위생관리	1. 개인 위생관리하기
		2. 식품 위생관리하기
		3. 주방 위생관리하기
	2. 음식 안전관리	1. 개인 안전관리하기
		2. 장비 · 도구 안전작업하기
		3. 작업환경 안전관리하기
	3. 양식 기초 조리 실무	1. 기본 칼 기술 습득하기
		2. 기본 기능 습득하기
		3. 기본 조리방법 습득하기

실기 과목명	주요 항목	세부 항목
양식 조리 실무	4. 양식 스톡 조리	1. 스톡 재료 준비하기
		2. 스톡 조리하기
		3. 스톡 완성하기
	5. 양식 전채 · 샐러드 조리	1. 전채 · 샐러드 재료 준비하기
		2. 전채 · 샐러드 조리하기
		3. 전채 · 샐러드요리 완성하기
	6. 양식 샌드위치 조리	1. 샌드위치 재료 준비하기
		2. 샌드위치 조리하기
		3. 샌드위치 완성하기
	7. 양식 조식 조리	1. 달걀요리 조리하기
		2. 조식용 빵 조리하기
		3. 시리얼 조리하기
	8. 양식 수프 조리	1. 수프 재료 준비하기
		2. 수프 조리하기
		3. 수프요리 완성하기
	9. 양식 육류 조리	1. 육류 재료 준비하기
		2. 육류 조리하기
		3. 육류 요리 완성하기
	10. 양식 파스타 조리	1. 파스타 재료 준비하기
		2. 파스타 조리하기
		3. 파스타 요리 완성하기
	11. 양식 소스 조리	1. 소스 재료 준비하기
		2. 소스 조리하기
		3. 소스 완성하기

양식 조리 기능사 실기 공개 과제

전채 요리

쉬림프카나페　　30분

참치 타르타르　　30분

샐러드

포테이토샐러드　　30분

월도프샐러드　　20분

해산물샐러드　　30분

시저샐러드　　35분

수프

비프콩소메　　40분

피시차우더수프　　30분

프렌치어니언수프　　30분

미네스트로니수프　　30분

포테이토크림수프　　30분

오믈렛

치즈오믈렛　　20분

샌드위치

스페니쉬오믈렛　　30분

베이컨, 레터스, 토마토샌드위치　30분

햄버거샌드위치　　30분

파스타

스파게티카르보나라　30분

파스타

토마토소스해산물스파게티 35분

생선 요리

프렌치프라이드쉬림프　25분

고기 요리

치킨알라킹　30분

치킨커틀릿　30분

바비큐폭찹　40분

비프스튜　40분

살리스버리스테이크　40분

서로인스테이크　30분

소스

브라운그레이비소스　30분

홀랜다이즈소스　25분

이탈리안미트소스　30분

타르타르소스　20분

드레싱

사우전아일랜드드레싱　20분

스톡

브라운스톡　30분

① 양식 조리 기능사 자격 정보

1. 개요

한식, 중식, 일식, 양식, 복어 조리 부문에 배속되어 제공될 음식에 대한 계획을 세우고 조리할 재료를 선정, 구입, 검수하고 선정된 재료를 적정한 조리 기구를 사용하여 조리 업무를 수행하며 음식을 제공하는 장소에서 조리 시설 및 기구를 위생적으로 관리, 유지하고, 필요한 각종 재료를 구입, 위생학적, 영양학적으로 저장 관리하면서 제공될 음식을 조리·제공하기 위한 전문 인력을 양성하기 위하여 자격 제도 제정

2. 수행 직무

양식 조리 부문에 배속되어 제공될 음식에 대한 계획을 세우고 조리할 재료를 선정, 구입, 검수하고 선정된 재료를 적정한 조리 기구를 사용하여 조리 업무를 수행함 또한 음식을 제공하는 장소에서 조리 시설 및 기구를 위생적으로 관리, 유지하고, 필요한 각종 재료를 구입, 위생학적, 영양학적으로 저장 관리하면서 제공될 음식을 조리하여 제공하는 직종임

3. 실시 기관명

한국산업인력공단

4. 실시 기관 홈페이지

http://www.q-net.or.kr

5. 진로 및 전망

1 식품 접객업 및 집단 급식소 등에서 조리사로 근무하거나 운영이 가능하다.

2 업체 간, 지역 간의 이동이 많은 편이고 고용과 임금에 있어서 안정적이지는 못한 편이지만, 조리에 대한 전문가로 인정받게 되면 높은 수익과 직업적 안정성을 보장받게 된다.

3 식품위생법상 대통령령이 정하는 식품 접객 영업자(복어 조리, 판매 영업 등)와 집단 급식소의 운영자는 조리사 자격을 취득하고, 시장·군수·구청장의 면허를 받은 조리사를 두어야 한다.

6. 취득 방법

1	시행처	한국산업인력공단
2	시험 과목	필기 : 양식 재료관리, 음식조리 및 위생관리
		실기 : 양식 조리 실무
3	검정 방법	필기 : 객관식 4지 택일형, 60문항(60분)
		실기 : 작업형(70분 정도)
4	합격 기준	100점 만점에 60점 이상

7. 출제 경향

1 요구 작업 내용

지급된 재료를 갖고 요구하는 작품을 시험 시간 내에 1인분을 만들어 내는 작업

2 주요 평가 내용
- 위생 상태(개인 및 조리 과정)
- 조리의 기술(기구 취급, 동작, 순서, 재료 다듬기 방법)
- 작품의 평가 · 정리 정돈 및 청소

② 양식 조리 기능사 '상시' 실기 시험 안내

1. 시험 대상

필기 시험 합격자 및 필기 시험 면제자

2. 시험 일자 및 장소

원서 접수 시 수험자 본인이 선택할 수 있다. 상시 시험 원서 접수는 정기 시험과 같이 공고한 기간에만 가능하며, 선착순 방식으로 회별 접수 기간 종료 전에 마감될 수도 있으므로 먼저 접수하는 수험자가 시험 일자 및 시험장 선택의 폭이 넓다.

3. 원서 접수 및 시행

1. 공휴일(토요일 포함)을 제외하고 정해진 회별 접수 기간 내에 인터넷(www.q-net.or.kr)을 이용하여 접수하며, 연간 시행 계획을 기준으로 자체 실정에 맞게 시행한다.

2. 단, 인터넷 활용이 어려운 고객을 위하여 공단 소속 기관에서 방문 고객에 대하여 인터넷 원서 접수를 안내 · 지원하고 있다.

4. 원서 접수 시간

회별 원서 접수 첫날 10:00부터 마지막 날 18:00까지(토, 일요일은 접수 불가)

5. 기타 유의 사항

1. 시험 당일에는 수험표와 규정 신분증을 반드시 지참하며, 작업형 수험자는 지참 준비물을 추가 지참한다. 신분증을 지참하지 않은 사람이 수험표의 사진 또한 본인이 아닌 경우에는 퇴실 조치한다.

수험자 신분증 인정 범위 확대

구분	신분증 인정 범위	대체 가능 신분증
일반인(대학생 포함)	주민등록증, 운전면허증, 공무원증, 여권, 국가기술자격증, 복지카드, 국가유공자증 등	해당 동사무소에서 발급한 기간 만료 전의 '주민등록 발급 신청서'
중 · 고등학생	주민등록증, 학생증(사진 및 생년월일 기재), 여권, 국가기술자격증, 청소년증, 복지카드, 국가유공자증 등	학교 발행 '신분확인증명서'
초등학생	여권, 건강보험증, 청소년증, 주민등록 등 · 초본, 국가기술자격증, 복지카드, 국가유공자증 등	학교 발행 '신분확인증명서'
군인	장교 · 부사관 신분증, 군무원증, 사병(부대장 발행 신분확인증명서)	부대장 발급 '신분확인증명서'
외국인	외국인등록증, 여권, 복지카드, 국가유공자증 등	없음

※ 유효 기간이 지난 신분증은 인정하지 않으며, 중 · 고등학교 재학 중인 학생은 학생증에 반드시 사진 · 이름 · 주민등록번호(최소 생년월일 기재) 등이 기재되어 있어야 신분증으로 인정

※ 신분증 인정 범위에는 명시되지 않으나, 법령에 의거 사진, 성명, 주민등록번호가 포함된 정부기관(중앙부처, 지자체 등)에서 발행한 등록증은 신분증으로 인정

※ 인정하지 않는 신분증 사례 : 학생증(대학원, 대학), 사원증, 각종 사진이 부착된 신용카드, 유효 기간이 만료된 여권 및 복지카드, 기타 민간 자격 자격증 등

② 시험 응시는 수험표에 정해진 일시 및 장소에서만 가능하며, 반드시 정해진 시간까지 입실을 완료 해야 한다.

③ 공단에서 정한 사유에 한하여 작업형 실기 시험 일자를 변경해 주고 있으며, 변경 요청은 공단 해당 종목 시행 지역 본부 및 지사를 방문하여 요청 가능하다.

6. 시험 진행 방법 및 유의 사항

① 정해진 실기 시험 일자와 장소, 시간을 정확히 확인한 후 시험 30분 전에 수험자 대기실에 도착하여 시험 준비 요원의 지시를 받는다.

② 위생복, 위생모 또는 머릿수건을 단정히 착용한 후 준비 요원의 호명에 따라(또는 선착순으로) 수험 표와 신분증을 확인하고 등번호를 교부받아 실기 시험장으로 향한다.

③ 자신의 등번호가 있는 조리대로 가서 실기 시험 문제를 확인한 후 준비해 간 도구 중 필요한 도구 를 꺼내 정리한다.

④ 실기 시험장에서는 감독의 허락 없이 시작하지 않도록 하고 주의 사항을 경청하여 실기 시험에 실 수하지 않도록 한다.

⑤ 지급된 재료를 지급 재료 목록표와 비교·확인하여 부족하거나 상태가 좋지 않은 재료는 즉시 지급 받는다(지급 재료는 1회에 한하여 지급되며 재지급되지 않는다).

⑥ 두 가지 과제의 요구 사항을 꼼꼼히 읽은 후 시험에서 요구하는 대로 작품을 만들어 정해진 시간 안 에 등번호와 함께 정해진 위치에 제출한다.

⑦ 작품을 제출할 때는 반드시 시험장에서 제시된 그릇에 담아낸다.

⑧ 정해진 시간 안에 작품을 제출하지 못한 경우에는 실격으로 채점 대상에서 제외된다.

⑨ 시험에 지급된 재료 이외의 재료를 사용한 경우에는 실격으로 채점 대상에서 제외된다.

⑩ 불을 사용하여 만든 조리 작품이 불에 익지 않았을 경우에는 실격으로 처리되어 채점 대상에서 제 외된다.

⑪ 작품을 제출한 후 테이블, 세정대 및 가스레인지 등을 깨끗이 청소하고 사용한 기구들도 제자리에 배치한다.

⑫ 안전 관리를 위하여 칼을 지참할 경우에는 반드시 칼집을 준비하고, 가스 밸브 개폐 여부를 반드시 확인한다.

7. 양식 조리 기능사 실기 지참 준비물

번호	재료명	규격	단위	수량	비고
1	가위		EA	1	
2	강판		EA	1	
3	거품기	수동	EA	1	자동 및 반자동 사용 불가
4	계량스푼		EA	1	
5	계량컵		EA	1	
6	국대접	기타 유사품 포함	EA	1	
7	국자		EA	1	
8	냄비		EA	1	시험장에도 준비되어 있음
9	다시백		EA	1	
10	도마	흰색 또는 나무도마	EA	1	시험장에도 준비되어 있음
11	뒤집개		EA	1	
12	랩		EA	1	
13	숟가락	차스푼 등 유사품 포함	EA	1	
14	면포/행주	흰색	장	1	
15	밥공기		EA	1	
16	볼(bowl)		EA	1	시험장에도 준비되어 있음
17	비닐백	위생백, 비닐봉지 등 유사품 포함	장	1	
18	상비의약품	손가락 골무, 밴드 등	EA	1	
19	쇠조리(혹은 체)		EA	1	
20	마스크		EA	1	
21	앞치마	흰색(남 · 녀 공용)	EA	1	위생복장(위생복, 위생모, 앞치마, 마스크)을 착용하지 않을 경우 채점대상에서 제외(실격)
22	위생모	흰색	EA	1	
23	위생복	상의 : 흰색/긴소매 하의 : 긴바지(색상 무관)	벌	1	
24	위생타월	키친타월, 휴지 등 유사품 포함	장	1	
25	이쑤시개	산적꼬치 등 유사품 포함	EA	1	
26	접시	양념접시 등 유사품 포함	EA	1	
27	젓가락		EA	1	나무젓가락 필수 지참(오믈렛용)
28	종이컵		EA	1	
29	종지		EA	1	
30	주걱		EA	1	

31	집게		EA	1	
32	채칼(box grater)		EA	1	시저 샐러드용으로만 사용 가능
33	칼	조리용칼, 칼집 포함	EA	1	
34	테이블 스푼		EA	2	필수 지참, 숟가락으로 대체 가능
35	호일		EA	1	
36	프라이팬		EA	1	시험장에도 준비되어 있음

※ 지참 준비물의 수량은 최소 필요 수량이므로 수험자가 필요시 추가 지참 가능하다.
　지참 준비물은 일반적인 조리용을 의미하며 기관명, 이름 등 표시가 없는 것이어야 한다.
　지참 준비물 중 수험자 개인에 따라 과제를 조리하는 데 불필요하다고 판단되는 조리기구는 지참하지 않아도 된다.
　지참 준비물 목록에는 없으나 조리에 직접 사용되지 않는 조리 주방용품(예 수저통 등)은 지참 가능하다.
　수험자 지참 준비물 이외의 조리기구를 사용한 경우 채점대상에서 제외(실격)된다.

1 거품기

달걀의 거품을 낼 때 필요한데, 시험 재료의 양이 적으므로 작은 것으로 고르는 것이 좋다.

2 계량스푼, 계량컵

스테인리스나 플라스틱으로 된 것 모두 사용 가능하다.

3 고무주걱

소스나 걸쭉한 수프를 남김없이 담아낼 때 사용한다.

4 나무주걱

양식 조리에서 반드시 필요한 기구로 아랫부분이 지나치게 일직선으로 된 것은 재료를 볶기에 불편하므로 가장자리를 둥글게 다듬어서 사용한다.

5 냄비

손잡이가 하나 달린 알루미늄 냄비가 가장 사용하기 편리하다. 뚜껑도 가져간다.

6 젓가락

젓가락은 대나무젓가락을 준비한다.

7 랩, 호일

채소로 속을 채운 훈제연어롤에 랩을 사용한다. 호일은 냄비 뚜껑 대신 활용할 수 있다.

8 면포

1겹보다는 2겹으로 된 것이 좋으며, 한 번도 사용하지 않은 것은 수분을 흡수하기 어려우므로 반드시 빨아서 반듯하게 접어 가져간다.

9 쇠조리(또는 체)

고운 것과 굵은 것 2개를 가져가는 것이 좋으며, 고운 것은 주로 브라운그레이비소스처럼 매끄러운 소스를 거를 때 사용하고, 굵은 것은 포테이토크림스프처럼 건더기를 체에 내려 으깰 때 사용한다.

10 앞치마

반드시 흰색을 착용하며 깨끗하게 다려서 구김이 가지 않도록 한다.

11 위생모

모자는 종이로 된 것이나 천으로 된 것 모두 사용 가능하나 반드시 조리용 모자를 착용하여야 하며 흰색을 사용한다.

12 위생복

상의는 흰색, 긴소매를 착용하며, 깨끗하게 다려서 구김이 가지 않도록 하고 단추는 모두 채운다.

13 위생타월

타월로 된 것이 좋으며 반드시 흰색의 깨끗한 것을 여러 장 가져간다.

14 종이컵

홀랜다이즈소스의 버터 중탕용으로 사용하며, 중탕 시 계량컵으로 대체 가능하다.

15 칼

좋은 칼, 비싼 칼보다 자신의 손에 편안하게 느껴지는 칼을 선택하여 익숙하게 한다. 너무 가벼운 것보다는 약간의 무게가 느껴지며 칼날이 지나치게 두껍지 않은 것을 고른다.

16 키친타월

종이로 되어 있으나 물에 녹지 않아 사용하기 편리하다. 적은 양의 수분이나 기름기를 제거하는 데 사용하면 좋다.

17 테이블스푼

테이블스푼은 조리용으로 보통 집에서 사용하는 숟가락으로 대체 가능하다.

18 프라이팬

코팅이 잘되어 있는 것을 가져가도록 하고 쇠로 된 기구는 사용하지 않도록 한다.

• 지참 준비물 목록에는 없으나 가져가면 편리한 재료들
① 오믈렛팬 : 무쇠로 된 정통 오믈렛팬보다는 지름 18cm 이하의 코팅이 잘된 작은 팬이 편리하다.
② 그릇 : 접시, 대접, 공기 등 필요한 만큼 골고루 가져가는 것이 좋다.
③ 검은 비닐봉지 : 쓰레기를 처리할 때 사용하며 세정대에 놓고 사용한다.

8. 지참 준비물에 대한 기준 변경 ← 제한 폐지

준비물	변경 전	변경 후
칼 등 조리기구	길이를 측정할 수 있는 눈금표시(cm)가 없을 것(단, mL 용량표시 허용)	• 제한 폐지 • 모든 조리기구에 눈금표시 사용 허용
면포/행주	색상 미지정	흰색

9. 요구사항에 대한 표시내용 변경

요구사항 표시 (무게나 부피)		채점 적용범위
변경 전	변경 후	
○g 정도, ○mL 정도	○g 이상, ○mL 이상	○g 정도, ○mL 정도일 경우 과제 요구사항을 충족하지 못하므로 채점대상에서 제외되어 실격으로 처리 예시) 탕, 수프, 찌개, 육회

10. 위생상태 및 안전관리 세부 기준

순번	구분	세부 기준

1	위생복 상의	• 전체 흰색, 손목까지 오는 긴소매
		  – 조리과정에서 발생 가능한 안전사고(화상 등) 예방 및 식품위생(체모 유입방지, 오염도 확인 등) 관리를 위한 기준 적용
		  – 조리과정에서 편의를 위해 소매를 접어 작업하는 것은 허용
		  – 부직포, 비닐 등 화재에 취약한 재질이 아닐 것, 팔토시는 긴팔로 불인정
		• 상의 여밈은 위생복에 부착된 것이어야 하며 벨크로(일명 찍찍이), 단추 등의 크기, 색상, 모양, 재질은 제한하지 않음(단, 핀 등 별도 부착한 금속성은 제외)

2	위생복 하의	• 색상·재질무관, 안전과 작업에 방해가 되지 않는 발목까지 오는 긴바지 – 조리기구 낙하, 화상 등 안전사고 예방을 위한 기준 적용
3	위생모	• 전체 흰색, 빈틈이 없고 바느질 마감처리가 되어 있는 일반 조리장에서 통용되는 위생모(모자의 크기, 길이, 모양, 재질(면, 부직포 등)은 무관)
4	앞치마	• 전체 흰색, 무릎아래까지 덮이는 길이 – 상하일체형(목끈형) 가능, 부직포·비닐 등 화재에 취약한 재질이 아닐 것
5	마스크	• 침액을 통한 위생상의 위해 방지용으로 종류는 제한하지 않음 (단, 감염병 예방법에 따라 마스크 착용 의무화 기간에는 '투명 위생 플라스틱 입가리개'를 마스크 착용으로 인정하지 않음)
6	위생화 (작업화)	• 색상 무관, 굽이 높지 않고 발가락·발등·발뒤꿈치가 덮여 안전 사고를 예방할 수 있는 깨끗한 운동화 형태
7	장신구	• 일체의 개인용 장신구 착용 금지(단, 위생모 고정을 위한 머리핀 허용)
8	두발	• 단정하고 청결할 것, 머리카락이 길 경우 흘러내리지 않도록 머리망을 착용하거나 묶을 것
9	손/손톱	• 손에 상처가 없어야 하나, 상처가 있을 경우 보이지 않도록 할 것 (시험위원 확인하에 추가 조치 가능) • 손톱은 길지 않고 청결하며 매니큐어, 인조손톱 등을 부착하지 않을 것

10	폐식용유 처리	• 사용한 폐식용유는 시험위원이 지시하는 적재장소에 처리할 것
11	교차오염	• 교차오염 방지를 위한 칼, 도마 등 조리기구 구분 사용은 세척으로 대신하여 예방할 것 • 조리기구에 이물질(예 테이프)을 부착하지 않을 것
12	위생관리	• 재료, 조리기구 등 조리에 사용되는 모든 것은 위생적으로 처리하여야 하며, 조리용으로 적합한 것일 것
13	안전사고 발생 처리	• 칼 사용(손 빔) 등으로 안전사고 발생 시 응급조치를 하여야 하며, 응급조치에도 지혈이 되지 않을 경우 시험진행 불가
14	부정 방지	• 위생복, 조리기구 등 시험장 내 모든 개인물품에는 수험자의 소속 및 성명 등의 표식이 없을 것(위생복의 개인 표식 제거는 테이프로 부착 가능)
15	테이프 사용	• 위생복 상의, 앞치마, 위생모의 소속 및 성명을 가리는 용도로만 허용

11. 위생상태 및 안전관리에 대한 채점 기준

구분	위생 및 안전 상태	채점 기준
1	위생복(상/하의), 위생모, 앞치마, 마스크 중 한 가지라도 미착용한 경우	실격 (채점대상 제외)
2	평상복(흰티셔츠, 와이셔츠), 패션모자(흰털모자, 비니, 야구모자) 등 기준을 벗어난 위생복장을 착용한 경우	
3	위생복(상/하의), 위생모, 앞치마, 마스크를 착용하였더라도 • 무늬가 있거나 유색의 위생복 상의 · 위생모 · 앞치마를 착용한 경우 • 흰색의 위생복 상의 · 앞치마를 착용하였더라도 부직포, 비닐 등 화재에 취약한 재질의 복장을 착용한 경우 • 팔꿈치가 덮이지 않는 짧은 팔의 위생복을 착용한 경우 • 위생복 하의의 색상, 재질은 무관하나 짧은 바지, 통이 넓은 힙합스타일 바지, 타이츠, 치마 등 안전과 작업에 방해가 되는 복장을 착용한 경우 • 위생모가 뚫려있어 머리카락이 보이거나, 수건 등으로 감싸 바느질 마감 처리가 되어있지 않고 풀어지기 쉬워 일반 조리장용으로 부적합한 경우	'위생상태 및 안전관리' 점수 전체 0점
4	이물질(예 테이프) 부착 등 식품위생에 위배되는 조리기구를 사용한 경우	
5	위생복(상/하의), 위생모, 앞치마, 마스크를 착용하였더라도 • 위생복 상의가 팔꿈치를 덮기는 하나 손목까지 오는 긴소매가 아닌 위생복(팔토시 착용은 긴소매로 불인정), 실험복 형태의 긴 가운, 핀 등 금속을 별도 부착한 위생복을 착용하여 세부 기준을 준수하지 않았을 경우 • 테두리선, 칼라, 위생모 짧은 창 등 일부 유색의 위생복 상의 · 위생모 · 앞치마를 착용한 경우(테이프 부착 불인정) • 위생복 하의가 발목까지 오지 않는 8부바지 • 위생복(상/하의), 위생모, 앞치마, 마스크에 수험자의 소속 및 성명을 테이프 등으로 가리지 않았을 경우	'위생상태 및 안전관리' 점수 일부 감점

6	위생화(작업화), 장신구, 두발, 손/손톱, 폐식용유 처리, 안전사고 발생 처리 등 '위생상태 및 안전관리 세부 기준'을 준수하지 않았을 경우	'위생상태 및 안전관리' 점수 일부 감점
7	'위생상태 및 안전관리 세부 기준' 이외에 위생과 안전을 저해하는 기타사항이 있을 경우	

※ 수도자의 경우 제복 + 위생복 상/하의, 위생모, 앞치마, 마스크 착용 허용

▶ 위 기준에 표시되어 있지 않으나 일반적인 개인위생, 식품위생, 주방위생, 안전관리를 준수하지 않았을 경우 감점 처리될 수 있다.

12. 채점 기준표

항목	세부 항목	내용	배점
공통 채점 사항	위생 상태 및 안전 관리	• 위생복 착용, 두발, 손톱 등 위생 상태 • 조리 순서, 재료, 기구의 취급 상태와 숙련 정도 • 조리대, 기구 주위의 청소 및 안전 상태	10
작품 A	조리 기술	조리 기술 숙련도	30
	작품 평가	맛, 색, 모양, 그릇에 담기	15
작품 B	조리 기술	조리 기술의 숙련도	30
	작품 평가	맛, 색, 모양, 그릇에 담기	15

▶ 실기 시험은 대체로 두 가지 작품이 주어지며, 공통 채점과 각 작품의 조리 기술 및 작품 평가 합계가 100점 만점으로 60점 이상이면 합격이다.

차 례

머리말 ································· 2

출제 기준 ······························ 4

양식 조리 기능사 실기 공개 과제 ······· 6

양식 조리 기능사 자격 정보 ·········· 8

양식 조리 기능사 '상시' 실기 시험 안내 ······ 9

양식 조리 기능사 실기(이론)

서양 요리의 개요 ·················· 22

계량법 및 온도 계산법 ·············· 22

기본 썰기(Cutting) 용어 ············ 24

서양 요리의 기본 조리 용어 ········· 26

서양 요리에 사용하는 재료 ········· 28

서양 요리의 테이블 세팅 및 식사 순서 ······· 37

양식 조리 기능사 출제 메뉴

전채 요리

쉬림프카나페 ······················ 42

참치 타르타르 ······················ 44

샐러드

포테이토샐러드 ···················· 46

월도프샐러드 ······················ 48

해산물샐러드 ······················ 50

시저샐러드 ························ 52

수프

비프콩소메 ························ 54

피시차우더수프 ···················· 56

프렌치어니언수프 ·················· 58

미네스트로니수프 ·················· 60

포테이토크림수프 ·················· 62

오믈렛

치즈오믈렛 ·· 64

스페니쉬오믈렛 ·································· 66

샌드위치

베이컨, 레터스, 토마토 (BLT) 샌드위치 ········ 68

햄버거샌드위치 ································ 70

파스타

스파게티카르보나라 ······················· 72

토마토소스해산물스파게티 ············· 74

생선 요리

프렌치프라이드쉬림프 ··················· 76

고기 요리

치킨알라킹 ·· 78

치킨커틀릿 ·· 80

바비큐폭찹 ·· 82

비프스튜 ·· 84

살리스버리스테이크 ························ 86

서로인스테이크 ································ 88

소스

브라운그레이비소스 ························ 90

홀랜다이즈소스 ································ 92

이탈리안미트소스 ···························· 94

타르타르소스 ···································· 96

드레싱

사우전아일랜드드레싱 ··················· 98

스톡

브라운스톡 ·· 100

양식 조리 기능사 실기(이론)

- 서양 요리의 개요
- 계량법 및 온도 계산법
- 기본 썰기(Cutting) 용어
- 서양 요리의 기본 조리 용어
- 서양 요리에 사용하는 재료
- 서양 요리의 테이블 세팅 및 식사 순서

① 서양 요리의 개요

서양 요리는 프랑스 요리를 바탕으로 미국, 유럽 등 각 지역의 자연환경과 역사, 문화적 배경에 의하여 많은 발전과 체계를 이루어 왔다. 한국에서는 프랑스, 영국, 독일, 이탈리아 및 미국의 요리가 합해진 것과 그 일부를 가미한 것, 또는 한국식으로 변형된 서양의 요리를 모두 통틀어 서양 요리라고 칭하고 있다. 그러나 실제로 서양 요리의 중심은 프랑스 요리라고 할 수 있으며, 국제적인 연회에서는 프랑스식 레시피 (recipe)가 주로 사용되고 메뉴 또한 프랑스어로 적는 것을 관례로 하고 있다.

서양 요리는 육류나 유지류를 주재료로 하여 강한 향이 나는 향신료와 포도주를 비롯한 술을 많이 사용하는 것이 특징이다. 또한 조리 시 약간, 조금 등 경험과 느낌이 더욱 중요한 우리나라 조리법에 비하여 서양 요리는 매우 과학적이며 합리적인 레시피로 구성되어 있다.

아침, 점심, 저녁 상차림법이 모두 다른 특징을 가지고 있으며, 이에 사용하는 재료 또한 다양하다. 특히 우리처럼 한 상에 차려 내는 것이 아니라 식사의 순서에 맞춰 각각 다양한 재료를 사용한 다양한 조리법이 많다. 또한 오븐을 이용한 건열 조리가 매우 발달하여 식품의 맛과 향기를 잘 살릴 수 있도록 하는 것도 서양 요리의 특징이라 할 수 있다.

개화와 더불어 서양 요리를 접하게 된 우리나라에서 가장 처음으로 서양 요리를 맛본 인물은 1883년 (조선 고종 20) 주미전권공사로 미국에 간 민영익과 그 수행원 유길준 등이며, 1895년에 러시아 공사 K. 베베르의 부인이 서양 요리를 손수 만들어 러시아 공사관에 파천 중인 고종에게 바쳤다는 기록이 있다.

1930년에는 국내 최초로 서양 요리책이 발간되었고(경성서양부인회 편), 일제 강점기에는 각급 학교 가사 시간에 서양 요리를 가르쳤으며, 8·15 광복 이후 오늘날까지 우리 식생활에 큰 비중을 차지하고 있다.

한 지역의 요리는 그 지역의 자연환경과 역사, 문화적 배경을 대변할 만큼 많은 것을 담고 있다. 또한 요리는 말과 문화가 다른 전 세계 사람의 마음을 한데 묶을 수 있는 매개체로서의 역할과 시대 상황을 대변해 주는 역할을 한다. 너무도 다른 특징을 지니고 있는 서양 요리와 동양 요리가 각각 구분되어 물과 기름처럼 섞일 수 없는 것이 아니라, 서로 합해져 새로운 맛의 문화로 창조되어 가는 것이 지금의 현실이다. 요즘 유행하는 퓨전 요리는 이러한 화합의 의미와 새로운 시대적 분위기가 담겨져 있는 듯하다.

② 계량법 및 온도 계산법

1. 계량법

음식을 훌륭히 조리할 수 있는 중요한 요인의 하나는 재료를 적절히 잘 배합하는 것이다. 정밀한 분석이나 과학적 실험과 같은 계량 기술까지는 요구되지 않으나, 일단 성공적으로 훌륭한 조리 기술을 재현하기 위해서는 각 재료의 정확한 무게와 용량에 대한 계량 기술이 필수적이다.

계량의 정확성을 기하기 위한 두 가지 요소는 계량 기기의 표준화 및 계량 기술의 정확성이다.

1 액체

액상 재료는 무게보다 부피로 재는 것이 능률적이며, 투명한 파이렉스로 만들어진 계량컵을 이용하여 눈금과 액체의 표면 아랫부분을 눈과 같은 높이로 맞추어 읽어야 한다.

2 지방

버터나 마가린 등 지방을 계량할 때는 냉장 온도보다 실온일 때 계량컵에 꼭꼭 눌러 담고 직선으로 된 칼등으로 깎아서 계량한다. 그러나 이 방법보다는 무게로 재는 것이 더욱 정확하고 실용적이다. 보통 버터나 마가린은 450g(1pound) 크기로 판매하며 이는 2컵 분량에 해당한다.

3 설탕

백설탕을 측정할 때는 계량컵(fractionated cup)을 사용하며, 흑설탕의 경우에는 꼭꼭 눌러 잰 후 거꾸로 쏟았을 때 형태가 만들어지는 정도가 되어야 한다.

4 밀가루

가루 음식을 정확히 측정하기 위해서는 부피로 재는 것보다는 제시된 표준 무게를 재는 것이 과학적이다. 편의상 계량컵이나 계량스푼을 사용할 때는 가루를 체에 쳐서 누르지 말고 가만히 수북하게 담아 일직선으로 된 칼로 깎아 측정한다.

2. 계량 단위

생략 부호		
C(컵) = cup	L(리터) = liter	mL(밀리리터) = milliliter
g(그램) = gram	cm(센티미터) = centimeter	mm(밀리미터) = millimeter
oz(온스) = ounce	qt(쿼트) = quart	pt(파인트) = pint
tsp(티스푼) = tea spoon = ts	Tbsp(테이블스푼) = Table spoon = Ts	

용량 및 무게 환산		
1tsp = 5mL = 1/3Tbsp	1Tbsp = 15mL = 3tsp	1oz = 30mL = 2Tbsp
1kg = 2.2pound	1quart = 1.14L	1gallon = 4quart = 4.56L
1pt = 2C = 474mL	1pound = 454g	1C = 236.6mL = 16Tbsp = 8oz

▶ 우리나라와 일본에서는 서양과 달리 1C = 200cc(13.5Tbsp)로 규정하고 있으며, 이 책에서의 레시피도 우리나라의 도량형 기준에 맞추었다.

3. 온도 계산법

온도는 세 종류의 단위로 측정한다. 섭씨온도(the celsius 또는 centigrade)와 화씨온도(the fahrenheit)를 상용하고, 절대온도(the kelvin 또는 absolute)는 과학적 용도로 사용하고 있다.

섭씨라는 말은 고안자인 스웨덴의 셀시우스의 중국 음역어에서 유래한 것으로 이는 물의 끓는점을 100℃로 하고 얼음의 녹는점을 0℃로 구분하여 그 사이를 균등하게 100으로 나누어 놓은 것이다. 현재 세계 공통으로 널리 사용하고 있는 단위이다.

화씨라는 말은 고안자인 독일 물리학자 파렌하이트의 중국 음역어에서 유래한 것으로 이는 얼음의 녹는점을 32°F로 하고 물의 끓는점을 212°F로 하여 그 사이를 180으로 균등하게 구분하여 놓은 것이다. 화씨는 일부 지역, 특히 미국에서 상용하고 있는 온도의 단위이나 1974년 MSG 단위로 모든 단위를 개정하기로 결정한 이래 섭씨로 차차 바뀌어 가고 있다.

섭씨를 화씨로 고치는 공식	화씨를 섭씨로 고치는 공식
$℃=\dfrac{5}{9}(°F-32)$ 또는 $℃=(°F-32)÷1.8$	$°F=\left(\dfrac{9}{5}×℃\right)+32$ 또는 $°F=(1.8×℃)+32$

③ 기본 썰기(Cutting) 용어

칼질을 할 때는 왼손을 도마 위에 올리고 재료를 안정되게 잡기 위하여 엄지손가락과 집게손가락을 한쪽으로 그리고 새끼손가락을 집게발처럼 재료를 잡고, 가운뎃손가락은 칼날에 대해 크고 작게 써는 기준대로 이용하며 칼은 똑바로 세워 썬다.

양식에서 사용하는 기본적인 채소 썰기는 조리에서 자주 사용하는 모양 등을 하나의 기본 모형으로 하고 있는데, 그 종류는 다음과 같다.

1. 줄리앙(Julienne)

채소나 요리 재료를 네모난 막대형으로 가늘고 길게 채 써는 작업이다.

1 가는 줄리앙(fine julienne)

2.5~5cm 정도의 길이로 한 면이 0.15cm 정도 되는 네모 막대형의 채소 썰기 형태이며, 주로 당근, 무, 감자, 셀러리 등을 조리할 때 자주 쓴다.

2 중간 줄리앙 또는 알뤼메트(allumette)

2.5~5cm 길이로 한 면이 0.3cm 정도 되는 굵기의 채썰기이다.

3 굵은 줄리앙 또는 바토네(batonnet)

5~6cm 길이로 0.6cm 두께로 길게 썬다.

2. 다이스(Dice)

채소나 요리 재료를 주사위 모양으로 써는 작업으로 정육면체를 기본으로 한다.

1 브뤼누아즈(brunoise)

가장 작은 형태의 네모썰기로 단면이 0.3cm가 되도록 썬다.

2 스몰 다이스(small dice)

한 면이 0.6cm 정도 되는 정육면체의 네모썰기이다.

3 미디엄 다이스(medium dice)

한 면이 0.8cm 정도 되는 정육면체의 네모썰기이다.

4 라지 다이스(large dice)

기본 네모썰기 중 가장 큰 형태로 2cm 정도 되는 크기이다.

3. 아세(Hacher)

잘게 써는 방법으로 각이 지게 다진다. 양파, 당근, 고기 등을 다질 때 이용한다.

4. 에멩세(Émincer)

얇게 저미는 방법으로 양파나 버섯을 얇게 썰 때 이용하는 방법이다.

5. 페이잔느(Paysanne)

채소를 잘게 써는 방법으로 가로세로 1cm 삼각형이나 장방형으로 얇게 써는 것이다.

6. 콩카세(Concasse)

가로세로 0.5cm 정도 크기로 써는 것으로 토마토의 껍질을 벗겨 이 크기로 잘라 소스에 넣거나 가니 쉬로 이용한다.

7. 샤토(Château)

6cm 길이의 타원형으로 6개의 면이 나타나도록 양 끝을 뾰족하게 자른 성곽 모양이며, 샤토는 프랑스어로 성을 의미한다.

8. 올리베트(Olivette)

샤토와 비슷한 형태이나 양 끝이 뾰족한 올리브 모양이며, 주로 감자나 당근 등을 가니쉬로 사용할 때 이용한다.

9. 파리지엔(Parisienne)

둥글고 작은 구슬형으로 칼보다는 스쿠프(scoop)를 이용하며 가니쉬로 사용할 때 이용한다.

10. 투르네(Tourner)

돌리면서 모양을 내는 것으로 삶은 감자(boiled potatoes) 등에 이용한다.

1. 보일링(Boiling)

100℃의 액체에 넣어 가열하는 조리법으로 끓는 물에 삶음으로써 가열 중에 식품이 연해지고 맛이 배어든다.

2. 블랜칭(Blanching)

채소 등을 끓는 물이나 기름에 순간적으로 넣었다가 건져 재빨리 찬물에 식히는 조리 방법으로 냄새를 제거하고 조직을 연화시키기도 하며 채소의 색을 선명하게 하는 역할을 한다.

3. 포우칭(Poaching)

달걀 또는 생선 등을 끓는점 이하(70~80℃)에서 끓이는 방법으로 식품이 건조해지거나 딱딱해지는 것을 방지해 준다.

4. 스티밍(Steaming)

열의 대류 현상을 이용한 것으로 증기를 사용하여 찌는 방법이다. 생선, 갑각류, 채소 등을 익힐 때 이용하며, 끓이는 방법보다 식품 고유의 맛과 모양을 유지할 수 있다.

5. 스튜잉(Stewing)

고기나 채소 등을 큼직하게 썰어 기름에 볶은 후 육수를 넣어 걸쭉하게 끓여 내는 방법으로 우리나라의 갈비찜과 같은 조리법이다.

6. 소테(Sauté)

기름을 이용한 조리법으로 프라이팬에 소량의 기름을 넣고 살짝 볶아 낸다. 조리 시 많이 사용하며 팬프라잉(pan frying)이라고도 한다.

7. 프라잉(Frying)

고온의 기름에서 식품을 튀겨 내는 조리법으로 고온에서 단시간 처리하므로 영양소와 열량이 증가하며, 기름의 풍미가 더해져 음식 맛이 좋아진다.

8. 그릴링(Grilling), 브로일링(Broiling)

그릴링은 가열된 금속의 표면에 대고 간접적으로 굽는 방법이고, 브로일링은 석쇠 위에 얹어 불꽃에 직접 닿게 하여 굽는 방법이다.

9. 로스팅(Roasting)

서양 요리를 만드는 대표적인 방법으로 육류 또는 가금류 등을 통째로 또는 덩어리째 오븐에 넣어 굽는다. 재료 겉면에 있는 지방질이 녹아 고기 내부로 스며들어 맛을 더해 준다.

10. 베이킹(Baking)

오븐의 공기 대류 현상을 이용한 방법으로 주로 제과 · 제빵 시 사용한다.

11. 브레이징(Braising)

건열 조리와 습열 조리를 혼합한 방법으로 고기 자체의 수분 또는 아주 적은 양의 수분을 첨가한 후 뚜껑을 덮어 익힌다.

12. 글레이징(Glazing)

설탕, 버터, 고기의 육즙을 조려서 음식에 코팅하는 방법으로 얼음을 뜻하는 프랑스어 'glace'에서 나온 용어이며, 얼음처럼 반짝반짝 윤기가 나도록 한다.

13. 그레티네이팅(Gratinating)

요리를 마무리하는 조리 방법으로 음식 표면에 버터, 치즈, 베샤멜소스, 달걀노른자 등을 올려 오븐에 넣은 후 직접 열을 이용하여 표면이 갈색이 나도록 굽는다.

14. 전자레인지(Microwave)

초단파의 전자 방사를 이용하여 음식물 속의 분자가 빠르게 회전하여 내부에서 마찰을 일으켜 발생한 열로 짧은 시간에 음식이 익는다.

15. 휘핑(Whipping)

거품기나 포크를 사용하여 빠른 속도로 거품을 내고 공기를 함유하게 하는 방법으로 달걀흰자 또는 생크림의 거품을 낼 때 사용한다.

16. 크리밍(Creaming)

버터나 마가린을 부드러운 크림 상태가 될 때까지 저어 주는 방법이다.

17. 블렌딩(Blending)

두 가지 이상의 재료가 잘 혼합될 수 있도록 블렌더를 이용하여 섞는 방법이다.

18. 초핑(Chopping)

칼이나 초퍼(chopper)로 아주 잘게 써는 방법이다.

19. 민스(Mince)

아주 잘게 썰거나 기계를 이용하여 곱게 가는 방법이다.

20. 시머링(Simmering)

포우칭과 보일링을 혼합한 조리 방법으로 95~98℃ 정도에서 끓이는 것을 말한다.

21. 베이스팅(Basting)

음식이 건조해지는 것을 방지하거나 맛을 더 내기 위하여 버터나 기름, 국물 등을 끼얹는 것을 말한다.

22. 스모킹(Smoking)

연기를 사용하여 독특한 풍미와 저장성을 더해 주는 방법으로 햄, 소시지, 베이컨과 훈제연어 등 생선류에 사용한다.

⑤ 서양 요리에 사용하는 재료

1. 양념

1 버터(butter)

유제품의 하나로 우유에서 지방층을 분리하여 크림을 만들고, 이것을 세게 휘핑하여 엉키게 하여 굳힌 것으로 풍미가 매우 좋으며 대용품으로 마가린을 사용한다.

2 치즈(cheese)

우유를 굳게 하는 단백질 가수 분해 효소인 레닌(rennin)을 이용하여 발효시킨 식품으로 많은 종류가 있으므로 여러 가지 요리에 다양하게 이용할 수 있다.

3 올리브기름(olive oil)

이탈리아에서 많이 쓰기는 하나 요즘은 버터를 많이 사용하는 프랑스에서도 버터와 올리브기름을 섞어서 사용한다. 가장 최상급은 엑스트라버진(extra virgin)으로 버진이라 불리는 이유는, 성장했으나 익기 전에 올리브를 따서 기름을 짜기 때문이다. 이 기름은 녹색이 돌며 맛이 매우 좋아 주로 샐러드드레싱에 많이 사용한다.

보관 시 반드시 직사광선을 피하여 서늘한 곳에 두고, 냉장 보관하지 않도록 한다.

4 소금(salt)

서양뿐 아니라 전 세계에서 가장 흔히 쓰는 양념으로 음식의 맛을 결정해 주는 기본 조미료이다. 그 외에도 식품을 조리함에 있어서 여러 목적으로 사용한다.

5 설탕(sugar)

천연 감미료로 서양 요리에서는 단맛을 내는 데 이외에도 시럽이나 잼, 과일 절임 등 저장 식품을 만드는 데 자주 쓰는 양념이다.

6 토마토케첩(tomato ketchup)

토마토 퓨레에 여러 가지 양념을 혼합한 것으로 조리용보다는 주로 테이블용으로 사용한다.

7 토마토 페이스트(tomato paste)

토마토의 껍질과 씨를 빼고 삶은 후 으깨어 조려 진하게 농축한 것이다. 조미료를 넣지 않은 상태로 잘못 보관하면 곰팡이가 나기 쉬우므로 반드시 냉장 보관한다.

8 식초(vinegar)

스페인어 비나그리(vinagre)에서 유래한 말이며, '신 와인'이라는 의미가 있다. 많은 샐러드에 필수적이며, 특히 포도를 사용하여 만든 이탈리아 전통 식초인 발사믹 식초(balsamic vinegar)가 매우 유명하다.

9 포도주(wine)

포도나 포도즙을 발효시켜 만든 과실주로 그 색에 따라 적포도주(red wine), 백포도주(white wine) 그리고 그 중간의 분홍빛이 나는 로제 포도주(rose wine)로 나뉜다. 그 자체로도 맛이 좋을 뿐 아니라 빛깔과 향기가 좋아 요리 재료로 필수적이다.

10 우스터소스(worcester sauce)

영국 우스터셔 주 우스터에서 처음 만들어진 식탁용 소스로 토마토 퓨레, 양파, 당근, 마늘 등의 채소즙과 소금, 조미료, 캐러멜 등으로 만든다.

2. 향신료

1 올스파이스(allspice)

빵, 케이크에 많이 쓰는 향신료로 시나몬, 정향 등을 합한 것과 비슷한 향이 난다고 하여 올(모든)스파이스라는 명칭이 붙었다.

2 애플민트(apple mint)

사과와 박하를 섞은 듯한 향이 나며 고기, 생선, 달걀 요리의 향료로 이용하고 소스, 젤리, 식초 등을 만들 때 쓴다.

3 바질(basil)

토마토 요리에서는 뺄 수 없는 주요 향신료이며 닭고기, 어패류, 채소 등과 샐러드, 스파게티, 피자 파이, 스튜, 수프, 소스 등의 요리에 널리 쓴다. 엷은 신맛을 내며 정향을 닮은 달콤하면서도 강한 향기가 있어 잎을 뜯기만 하여도 공기 중에 향이 퍼져 향기로울 정도이다.

4 월계수잎(bay leaf)

생잎은 약간 쓴맛이 있으나 건조한 잎은 달고 강한 독특한 향기가 있어 서양 요리에는 필수적일 만큼 널리 쓰는 향신료이다. 또한 식욕을 촉진할 뿐 아니라 풍미를 더하며 방부력도 뛰어나 소스, 소시지, 피클, 수프 등에 향을 내는 데 쓰고 생선, 육류, 조개류 등의 요리에 많이 사용한다.

5 카옌페퍼(cayenne pepper)

붉은 고추를 건조하여 가루를 낸 것으로 매우 강한 향과 매운맛이 나며, 타바스코소스(tabasco sauce)와 카레가루(curry powder)를 만드는 필수 향신료이기도 하다.

6 처빌(chervil)

주로 샐러드의 재료로서 권장된 재배 역사가 고대 로마로 거슬러 갈 정도로 오래되었으며, 신선한 것은 수프나 샐러드에 이용하고 건조한 것은 소스의 양념과 양고기 구이에 이용한다. 처빌의 향은 휘발성 증유이기 때문에 열을 가하면 향미가 없어지므로 주로 샐러드나 요리의 마무리에 쓰며 파슬리처럼 이용 범위가 매우 넓다.

7 차이브(chive)

파의 일종이지만 파 냄새가 나지 않고 톡 쏘면서도 향긋해서 식욕을 돋우는 것이 특징이다. 파슬리, 타라곤, 처빌과 함께 허브 혼합물(mix herb)인 파인 허브(fine herbes)의 하나로 프랑스 요리에 사용하며, 생선이나 육류의 냄새를 없애 주고 풍미를 더해 준다.

8 시나몬(cinnamon)

후추, 정향과 함께 3대 향신료의 하나이며 상쾌함, 청량감, 달콤함과 더불어 고상한 향기가 있다. 고급 과자의 향신료로 쓰고 조리용 리큐어와 주스, 칵테일, 커피, 홍차, 케이크 등에도 이용한다.

9 정향(clove)

향신료 중 꽃봉오리를 사용하는 유일한 품종으로 고기 누린내와 생선 비린내를 없애 주는 강한 향미와 달콤함을 지니고 있다. 햄, 소시지, 양고기, 스튜, 수프, 빵, 쿠키, 푸딩, 케이크, 차, 술 등의 향미료로 쓴다.

10 딜(dill)

'진정시키다.' 또는 '달래다.'는 뜻을 가지고 있으며, 옛날부터 유럽 대륙의 사람들이 좋아해서 닭, 양, 생선, 채소 요리에 이용해 왔으며, 특히 피클에서는 빼놓을 수 없는 향신료이다. 잎은 연어의 마리네이드, 감자, 오이, 샐러드에 사용하고, 줄기는 생선의 소스, 생선구이에 풍미를 줄 때 이용하며, 씨는 빵과 과자를 구울 때나 카레가루(curry powder)와 피클을 만들 때 사용한다.

11 마늘(garlic)

마늘은 전 세계에서 재배하며 종류도 완전한 것, 건조한 것, 소금에 절인 것, 가루로 만든 것, 즉석에서 다진 것 등 다양하다. 요리 중 마늘을 사용하는 경우에는 신중하여야 한다. 약간 첨가하는 것은 도움을 주지만 많이 첨가하면 불쾌해진다. 소스, 수프, 샐러드, 피클, 고기 요리, 샐러드드레싱 등의 맛을 돋보이게 하는 데 도움을 준다.

12 홀스래디시(horseradish)

서양 고추냉이로 일본 고추냉이와 비슷한 향신 식물이다. 뿌리를 갈거나 잘라 보면 톡 쏘는 자극성이 강한 고추냉이 같은 향미가 있다. 우리나라와 일본 등에서는 생선회에 곁들이는 향신료로 많이 쓰지만 유럽에서는 고기 요리, 생선 요리, 소시지 등의 소스로 이용하며, 열을 가하면 그 향미가 사라져 버리므로 날것을 갈아서 쓰거나 또는 건조해 두고 사용한다.

13 마저럼(marjoram)

단맛과 야생의 아린 맛을 내는 2종류가 있다. 파이, 닭, 돼지, 생선, 달팽이, 감자 수프, 간 요리, 토끼 요리, 햄, 조개, 채소 등 모든 요리에 사용한다. 특히 식물의 산화를 방지해 주며, 이탈리아 요리와 육류 요리에서는 빼놓을 수 없는 중요한 향신료 중 하나이다.

14 오레가노(oregano)

박하 같은 톡 쏘는 향기가 특징이며, 생으로 이용하는 것보다 건조하여 사용하는 것이 향이 좋다. 멕시코, 이탈리아 요리와 스튜, 피자파이, 치즈, 고기, 생선, 채소 등에 폭넓게 사용한다.

15 넛메그(nutmeg)

육두구라 부르기도 하며 달콤하고도 특이한 향을 가지고 있다. 고기, 생선 요리의 누린내와 비린내를 없애 주고 닭고기, 버섯, 시금치 요리, 수프 등에 주로 사용한다.

16 파슬리(parsley)

서양 요리의 장식용으로 오랜 역사를 가지고 있으며 샐러드, 수프, 채소, 생선, 고기 등에 쓰고 모든 요리의 가니쉬로 사용한다. 특히 고기 요리를 먹을 때는 입안의 기름기를 없애 주며 잎과 꽃술에 있는 휘발성 지방에 의한 특유의 향기를 가지고 있다.

17 후추(pepper)

덜 익은 열매를 건조한 것은 검은 후추(black pepper), 완전히 익어 붉은색으로 변한 것은 핑크 후추(pink pepper), 핑크 후추의 껍질을 벗겨 건조한 것은 흰 후추(white pepper)라고 한다.

후추는 모든 요리에 사용하며, 갈아서 가루로 쓰거나 통째로 쓴다. 주로 냄새와 색이 짙은 고기 요리에는 검은 후추를 사용하고, 닭고기와 흰 살 생선 등 흰색 재료를 사용하는 요리에는 흰 후추를 사용한다.

18 페퍼민트(peppermint)

양, 소 등의 고기 요리에 첨가하는 민트소스, 통조림, 감자, 콩류 채소 요리, 디저트, 음료 등에 이용한다.

19 로즈메리(rosemary)

로즈메리는 1m 정도 자라는 상록 소관목으로 소나무와 닮은 진한 녹색잎을 가지고 있고, 수풀을 생각나게 하는 강한 향기는 신선함 그 자체로 이탈리아 요리에 많이 사용하며, 양고기 외에 닭고기, 생선, 바비큐 등에 풍미를 첨가하기 위해 작은 가지를 그대로 사용한다.

토마토와 달걀을 주로 한 수프, 생선, 로스트 요리, 양고기, 돼지고기, 소고기, 오리고기 등에 이용하며 스튜나 수프에도 이용한다.

20 사프란(saffraan)

세계에서 가장 비싼 향신료로 유명하며, 하나의 꽃에서 3개의 암술꽃만이 채취된다. 1g의 사프란을 얻으려면 500개의 암술을 말려야 할 정도이다. 소스 등에 넣었을 때 노란색을 띠며 순하면서도 씁쓸한 맛이 난다. 스페인 요리 파에야(paella)에 빼놓을 수 없는 재료이며, 생선 소스, 수프, 빵, 쌀, 감자, 페이스트리 등에 사용한다.

21 세이지(sage)

"세이지를 정원에 심어 놓은 집은 죽은 사람이 나오지 않는다."라는 말이 있을 정도로 만병통치약으로 널리 알려져 있다. 육류의 지방을 중화하고 구운 고기 등에 넣으면 맛이 증가한다. 콩소메, 스튜, 햄, 송아지, 돼지고기, 소시지, 가금류 등의 요리에 사용한다.

22 스피어민트(spearmint)

육류, 생선, 채소, 양고기, 과일 샐러드와 아이스크림 등에 향미료로 사용한다.

23 타라곤(tarragon)

쑥의 일종으로 주로 프랑스 요리의 여러 소스에 쓴다. 미식을 즐기는 프랑스에서 향신료의 여왕으로 여길 만큼 달콤한 향과 매콤하면서 쌉쌀한 맛이 일품이다. 피클, 소스, 수프, 샐러드에 주로 사용하고 고기, 토마토, 달걀 요리에도 많이 이용한다.

24 타임(thyme)

백리향이라고도 불리는 타임은 서양 요리에 없어서는 안 될 대표적인 향미료의 하나로 그 향이 채소, 육류, 어패류, 달걀 등 어느 것에나 잘 어울린다. 또한 방부·살균력을 이용해 햄, 소시지, 치즈, 소스, 피자파이, 조개 수프, 토끼 요리, 거위 요리, 채소 수프, 토마토케첩, 피클 같은 저장 식품의 보존제로도 쓰며, 수프, 스튜, 셀러리 등에 흔히 이용한다.

3. 육류 및 난류

1 소고기(beef)

서양 요리에서 주요리 부분을 차지하는 비중이 가장 크다고 볼 수 있다. 대개 2~3년 된 어린 소를 스테이크(steak)나 로스트(roast)용으로 사용한다.

- Prime : 최상급으로 최고급 호텔, 식당에서 사용하며, 그 양이 제한되어 생산된다.
- Choice : 육질이 연하고 육즙이 많으며 Prime보다 지방질이 적으나 좋은 그물 조직으로 되어 있다. 소고기 중 소비량이 가장 많다.
- Select, Standard : 지방 함량이 낮기 때문에 덜 수축된다. Prime과 Choice보다는 비교적 질이 떨어진다.
- Commercial : 맛은 풍부하지만 질기기 때문에 오래 가열하여 연해지도록 한다.
- Utility, Cutter, Canner : 제조·가공하거나 기계에 갈아 사용하기에 적합하다. 위의 등급보다 떨어지지만 경제적이며, 육류는 좋은 품질의 고기라도 적당한 조리법으로 알맞게 요리해야 제대로 맛을 낼 수 있다.

2 송아지고기(veal)

생후 1~3개월 된 송아지에서 얻는 고기로 지방이 적고 부드러운 풍미가 있으며 맛은 담백하다.

3 돼지고기(pork)

질이 좋은 고기가 어떤 것인가를 알아서 요리에 맞는 고기를 선택하면 맛있는 돼지고기 요리를 먹을 수 있다. 지방은 돼지고기의 풍미를 결정하는 중요한 역할을 한다. 표면의 지방이 하얗고 끈기가 있는 것이 좋은 것이며, 이러한 지방이 붙어 있는 돼지고기가 맛이 있다.

④ 양고기(lamb and mutton)

값이 싸고 소화가 잘되는 장점이 있으며 주로 미국이나 호주, 뉴질랜드에서 수입하는데 생후 12개월 이내의 갈비 부위(lamb rib rack)가 가장 연하고 맛있다. 지방은 하얀 것이 최상품이다. 향신료를 사용하여 야생 동물의 독특한 냄새를 제거한다.

양고기는 중동 지역 국가나 유태인들이 특히 즐겨 먹는 고기로 이는 그들의 종교관과 밀접한 관련이 있다.

⑤ 닭고기(chicken)

맛이 담백하고 고기 섬유가 가늘고 연해 식용으로 많이 이용한다. 다 자라지 않은 어린 닭을 병아리, 그해 나서 자란 닭을 햇닭, 한 해 이상 자란 것을 묵은닭(노계)이라고 한다. 표면 껍질이 담황색이고 지방이 있으며 통통한 살코기가 담홍색인 것이 맛이 좋다.

⑥ 난류(eggs)

식용 난류에는 조류의 알, 물고기의 알, 거북 알 등이 포함되나, 그 중에서 조류의 알을 가장 보편적으로 사용하며 이 중에서도 달걀을 식용으로 가장 많이 사용한다.

달걀은 조리 과정 중 변화하는 여러 가지 성질을 이용하여 요리에 다양하게 사용한다. 노른자의 유화성을 이용한 마요네즈(mayonnaise), 기포성을 이용한 머랭(meringues), 스펀지케이크(sponge cake), 열 응고성을 이용한 커스터드(custard), 이 외에도 이물질을 흡착하여 국물을 맑게 하는 성질을 이용한 콩소메(consommé) 등이 있다.

4. 어패류

① 대구류(codfishes)

대구과에 속하는 한대성 어류로 동해 북쪽 베링 해 등에 분포한다. 대표 종류로 참대구와 명태가 있으며 겨울에 지방질이 많아져 가장 맛이 좋다. 건조품(stock cod), 염장품(salted cod) 등으로 가공한다.

② 다랑어류(tunas)

고등엇과에 속하며 적도를 중심으로 한 남북 아열대 지역에 널리 분포한다. 참다랑어, 날개다랑어, 눈다랑어 등이 있으며, 이 중 흔히 참치라고도 하는 참다랑어는 몸 길이가 3m 정도로 가장 크다. 가장 맛이 좋은 시기는 참다랑어는 겨울, 황다랑어는 여름~가을, 눈다랑어는 늦봄이다. 참다랑어는 주로 횟감으로, 다른 다랑어류는 통조림 원료로 이용한다.

③ 청어(herring)

청어과에 속하는 회유어로 모양이 정어리와 비슷하며, 크기는 약간 커서 길이가 30cm 정도 된다. 잔가시가 많다.

④ 연어(salmon)

연어과의 회귀성 어류로 산란기인 10~12월이 되면 자신이 태어난 강 상류로 돌아가 산란하며, 산란 전에는 살이 붉고 중량감이 있다. 구운 요리, 삶은 요리, 훈제 요리 등 다양하게 사용한다.

5 바닷가재(lobster)

육질은 풍미가 있고 우수하여 고가로 팔린다. 보통 산 채로 삶아서 저장하였다가 조리하고, 뜨거운 요리 및 차가운 요리에 다양하게 사용한다.

6 굴(oyster)

3~4년생으로 9~4월 사이에 잡는 것이 최상품이며, 껍데기가 닫혀 있는 것이 신선하다. 날것으로 먹거나 수프, 파이, 스튜, 튀김 등 여러 가지 용도로 다양하게 사용한다.

7 홍합(mussels)

홍합과의 조개로 길쭉한 모양에 겉은 검푸른색이고 속은 홍색 또는 흰색이다. 자연산도 있으나 주로 얕은 물의 자연둑에서 양식한다.

8 서대기(sole)

혀가자미라고도 하며 맛과 육질이 좋다. 많은 요리법이 개발되어 있으며 서양 사람들이 가장 선호하는 생선이다.

9 도미류(porgies)

도밋과에 속하는 어류로 참돔, 감성돔, 황돔 등 종류가 많다. 그 중에서 가장 중요한 참돔(일명 참도미)은 우리나라 전 연해에 분포하며 몸 빛깔은 적색이나 녹색 광택이 있고, 등 쪽에 청록색 작은 반점이 있다. 일반적으로 30cm 정도의 것이 맛이 좋으며 암컷이 수컷보다 더 맛있다. 맛이 가장 좋은 시기는 겨울에서 봄 사이이다.

10 농어(sea bass)

농엇과에 속하며 맛이 가장 좋은 시기는 여름이다. 우리나라 연안에 널리 분포한다.

5. 채소 및 과실

1 채소

- 시금치(spinach) : 생잎을 샐러드로 이용하거나 데쳐서 볶기도 하고 약간의 수분을 첨가해서 믹서에 갈아 푸른색을 내는 데도 많이 사용한다. 주로 싱싱한 상태로 유통되지만 외국에서는 통조림을 만들거나 냉동하여 비철에 사용한다.
- 토마토(tomato) : 남미가 원산지이며 미 대륙 발견 이래 유럽에 소개되어 스페인, 이탈리아 등지에서 널리 이용하게 되었다. 비타민 C가 풍부하게 들어 있으며 샐러드, 소스, 주스, 퓨레, 토마토케첩 등에 다양하게 이용한다.
- 양파(onion) : 페르시아, 아프가니스탄이 원산지이며 향기와 맛이 좋아 세계 각국에서 애용하고 있다. 양파의 자극성 향미는 황 화합물에 기인하며, 이는 휘발성이므로 조리 과정에서 약화된다.
- 당근(carrot) : 아프가니스탄이 원산지로 단맛을 지니고 있으며 비교적 조직이 단단하여 저장 조건이 알맞으면 저장성이 좋다. 특히 껍질 부위에 많이 함유되어 있는 베타카로틴은 몸 속에서 비타민 A로 변환되어 신체의 저항력을 강화한다.
- 셀러리(celery) : 유럽이 원산지이며 잎사귀보다는 줄기 부분을 식용한다. 수분 함량이 높으며 독특한 향미 성분이 있어 생식용으로 샐러드에 많이 이용하고 각종 음식에 다양하게 사용한다.

- 상추(lettuce) : 유럽이 원산지로 담록색을 띠며 선도가 좋은 것이 품질이 좋은 것이다. 서양 채소 중에서 가장 보편화된 샐러드용 채소이며, 생식을 주로 하므로 무기물이나 비타민류 등의 손실이 비교적 적다.
- 감자(potato) : 남미가 원산지이며 16세기경 유럽에 소개되어 차차 동양에도 파급되었다. 유럽 각 국과 미국 등지에서는 감자를 에너지 급원 식품으로 중요시한다.
  우리 식생활에서 감자는 여러 가지 음식에 이용된다. 삶거나 조리거나 또는 샐러드에 이용하는 것 은 찰진 질감을 가진 감자(waxy potatos)가 적절하며, 화덕이나 오븐구이(baked potatos)에 사용하 는 것은 파삭한 질감의 감자(mealy)가 좋다. 보통 식용으로 조리에 이용하는 외에도 가공하여 감자 칩, 과자 원료, 전분, 물엿, 포도당, 풀, 조청 등의 원료로도 이용한다.
- 브로콜리(broccoli) : '팔(arm)' 또는 '가지(branch)'라는 뜻을 가진 라틴어 'brachium'에서 유래하였 다. 진한 녹색으로 긴 줄기 끝에 쑥갓 꽃송이 같은 꽃이 소복하게 붙어 있으며, 비타민 C가 풍부할 뿐 아니라 철분과 칼슘의 좋은 급원이다.
- 콜리플라워(cauliflower) : 우리말로 꽃양배추라고 하며, 잎사귀 속에서 자라는 흰색 꽃 부분을 식 용한다. 주요 유기산은 말산(malic acid)과 구연산(citric acid)이고 비타민 C도 풍부하게 들어 있으 며, 샐러드나 피클로 이용한다.
- 완두콩(peas) : 18~19세기 유럽에서 많이 재배 · 이용하였고 미국의 서부 지역은 완두콩 산지로 유명하다. 처음 재배되었을 때는 건조하여 이용하였으나 차차 풋콩을 이용하기 시작하여 채소로 서의 이용도가 낮아졌다. 또 많은 양의 완두콩을 통조림으로 만들거나 냉동 가공하여 비철의 사용 에 대비하고 있다.
- 껍질콩(string beans) : 콩깍지가 연할 때 콩깍지와 그 속의 어린 콩을 함께 식용한다. 녹색과 황색 의 두 종류가 있으며 수확 후 4~5℃에서 저장하고 통조림으로 만들거나 냉동 가공한다.
- 아스파라거스(asparagus) : 남부 유럽이 원산지이며 어린 줄기와 순을 식용한다. 독특한 향을 지니 고 있으며 연한 섬유질이 많고, 신선할 때 0.5~1℃에서 저장하여야만 저장성이 있다. 일반적으로 통조림이나 냉동한 것을 사용하지만 날것을 삶거나 데쳐서 샐러드나 튀김으로도 조리한다.
- 양배추(cabbage) : 잎사귀가 서로 포개져 구형으로 싸여 있으며, 종류에 따라 모양이 다르고 색도 흰색인 것과 적자색인 것이 있다. 비타민 C와 칼륨, 칼슘, 인, 철, 망간 등을 함유하고 있으며, 바 깥쪽의 푸른 잎사귀에는 속의 담황색 잎사귀보다 비타민 C, 철분, 칼슘 등의 영양소가 많다. 생채 또는 조리 목적에 따라 여러 방법으로 이용한다.
- 양송이(mushroom) : 프랑스에서 14세기경부터 재배하였으며 맛과 향에도 냄새가 없어 생선과 고 기 요리, 그 밖의 여러 가지 요리에 잘 어울린다. 오래 보관하기가 좋지 않기 때문에 곧바로 사용하 는 것이 좋으며 통조림으로 만들어 보관하기도 한다.

② 과실

크게 식물의 열매를 말하는 과실은 일반적으로 수분이 많기 때문에 에너지원으로서의 가치는 적지 만 철, 칼슘 등의 무기질이나 비타민 A, 비타민 C를 많이 함유하여 영양적으로 가치가 높다.
용도에 따라 물 또는 설탕물에 조리기, 찌기, 오븐구이, 기름에 지지기 등의 방법을 적용하기도 하지 만 성숙한 과실을 날것으로 이용하는 것이 가장 보편화되어 있다. 여러 가지 종류의 과실을 개인의 기호에 따라 모양, 색 등을 적절히 이용함으로써 한층 더 즐거운 식생활을 누릴 수 있다.

6. 육수(Stock)

소고기, 닭고기, 생선 등을 향신료와 함께 끓여 거른 국물을 말하며, 국물이 있는 모든 음식의 기본이 되는 재료로 사용한다. 주요리의 재료로 사용하기 때문에 간을 하지 않는다는 점에 주의하여야 한다.

1 생선육수(fish stock)

생선뼈와 허드레 살을 함께 넣고 끓인 생선 국물이다. 주로 생선 요리에 사용하나 용도에 따라 쓰기도 한다. 너무 센 불에서 끓이지 말고 약한 불에 오래 끓여야 맑고 깨끗한 육수를 만들 수 있다. 반드시 뚜껑을 열고 끓여 불순물이 증발되도록 한다.

2 브라운스톡(brown stock)

국물이 맑은 갈색이기 때문에 브라운스톡이라고 한다. 끓는 물에서 데쳐 낸 뼈와 채소를 프라이팬에 지진 후 약간 태운 듯한 색을 내면 국물에 색깔이 우러나와 갈색을 띤다.

3 소고기육수(beef stock)

주로 고기 요리에 사용하는 진한 맛을 내는 국물이며 소고기 사태, 또는 소고기와 소뼈를 함께 넣어 끓이기도 한다. 가열 시 뚜껑은 꼭 열어 놓고 끓인다.

4 닭육수(chicken stock)

닭뼈를 이용한 육수이며 소고기에 비해 담백한 맛이 난다. 일반적인 요리에 폭넓게 이용하며, 주로 색이 희거나 엷은 색의 요리에 많이 사용한다.

7. 루(Roux)

밀가루, 버터를 동량의 무게로 하여 볶은 것을 말한다. 볶은 정도(불의 강약, 시간)에 따라, 농도에 따라 풍미가 다르며 크게 3종류로 나눌 수 있다.

1 화이트 루(white roux)

냄비에 버터를 녹이고 밀가루를 넣어 나무주걱으로 볶는다. 약한 불에서 서서히 볶아 색이 나지 않게 볶는다.

2 블론드 루(blond roux)

냄비에 버터를 녹이고 밀가루를 넣어 나무주걱으로 볶는다. 화이트 루보다 조금 더 노르스름하게 볶는다. 약한 불에서 중간 불로 불 조절을 하면서 짙은 색깔이 나지 않도록 유의한다. 서양의 블론드(황금빛) 머리와 같은 색이 나도록 한다.

3 브라운 루(brown roux)

냄비에 버터를 녹이고 밀가루를 넣어 나무주걱으로 볶는다. 처음부터 중간 불에서 서서히 볶아 색깔을 낸다. 블론드 루보다 좀 더 진하게 색깔을 내며 타지 않게 주의한다. 토마토소스 등 색이 진한 소스에 사용한다.

8. 소스(Sauce)

소스는 소금물을 의미하는 라틴어 'salsus'에서 유래하였다. 고대 로마인은 제각기 개성 있고 완전히 다른 맛을 내는 요리를 연구하는 것을 중요시하였으며, 훌륭한 요리사는 소스 맛으로 요리의 질을 평가받기도 하였다. 소스는 색이 반짝반짝해야 하며 덩어리지는 것이 없고 주르르 흐르는 정도의 농도가 이상적이다.

소스를 사용하는 목적은 음식의 맛과 영양가를 높이고 색을 부여하여 보기에 좋게 하는 데 있다. 좋은 소스를 만든다는 것은 하나의 기술이며 경험과 이론을 바탕으로 꾸준한 노력이 따라야겠다. 소스의 종류는 수백 종에 이르지만 기본이 되는 소스를 익히고 응용하여 가미하면 자신만의 독특한 소스를 창출할 수도 있다.

색으로 분류하는 5대 기본 소스

1 [갈색]데미글라스소스(demiglace sauce), 에스파뇰소스(espagnole sauce) : 갈색 육수를 주재료로 만든 소스로 육류에 많이 이용한다.

2 [블론드색]벨루테소스(veloute sauce) : 흰 육수를 이용한 소스로 닭, 생선 등에 많이 이용한다.

3 [흰색]베샤멜소스(béchamel sauce) : 흰색 루에 우유를 주재료로 한 흰색 소스로 생선, 채소에 많이 이용한다.

4 [빨간색]토마토소스(tomato sauce) : 토마토를 주재료로 한 소스로 생선, 채소에 많이 이용한다.

5 [노란색]홀랜다이즈소스(hollandaise sauce) : 달걀노른자와 정제 버터를 주재료로 한 소스로 생선, 채소 등에 많이 이용한다.

⑥ 서양 요리의 테이블 세팅 및 식사 순서

모든 음식을 한 상에 차려 놓고 한 가지씩 담겨 있는 음식들을 각각의 그릇에 같이 나눠 먹는 우리의 식사 습관과 서양의 식사 습관은 여러 가지로 다른 점이 많다. 우리가 서양의 식사 예절을 모르는 것이 흉이 될 순 없지만 점차 국제화되어 가는 시대적 흐름에 발맞춰 반드시 알아 두면 도움이 될 것이라 생각한다. 서양의 상류층 사람들에게 동양의 젓가락 사용법이 이제 일반화된 것처럼 말이다.

여러 사람이 즐거운 분위기에서 대화를 나누며 즐겁게 식사할 수 있도록 하는 것이 바로 서양의 테이블 매너이다. 서양에서도 아침, 점심, 저녁 등 하루 세끼를 먹는다는 것은 우리와 같지만 우리가 세끼를 거의 비슷한 종류의 음식과 상차림으로 먹는 것과는 달리 매 끼니마다 다른 특징을 가지고 있다.

우선 아침 식사(breakfast)로는 대부분 간단한 달걀 요리에 베이컨, 토스트 또는 크루아상이나 팬케이크를 즐기며, 시리얼에 우유를 말아 먹는다든지 오트밀을 먹는다. 여기에 과일 주스나 커피를 곁들인다. 점심 식사(lunch)는 풀코스가 보통인 저녁 식사에 비하여 다소 가벼운 메뉴로 구성된다. 수프-생선 또는 스테이크-샐러드-커피, 빵으로 이어지는 것이 보통이다. 흔히 서양 요리 상차림의 가장 대표격으로 알려진 저녁 식사(dinner)의 풀코스 단계는 총 10가지 정도로 구분할 수 있다.

1. 테이블 세팅(Table Setting)

① 냅킨(napkin)
② 서비스 접시(service plate)
③ 전채 요리용 포크와 나이프
　(hors-d'oeuvre fork, knife)
④ 수프 스푼(soup spoon)
⑤ 생선 요리용 포크와 나이프
　(fish fork, knife)

⑥ 고기 요리용 포크와 나이프
　(beef fork, kinfe)
⑦ 빵 접시(bread plate)
⑧ 버터 접시(butter plate)
⑨ 버터 나이프(butter knife)
⑩ 후식용 포크(dessert fork)
⑪ 후식용 스푼(dessert spoon)

⑫ 물잔(goblet)
⑬ 적포도주잔(red wine glass)
⑭ 백포도주잔(white wine glass)
⑮ 셰리잔(sherry glass)
⑯ 소금(salt)
⑰ 후춧가루(pepper)

▶ 요리용 포크와 나이프는 요리가 나오는 순서대로 바깥쪽에서부터 사용한다.

2. 디너 풀코스 순서 및 매너

1 전채 요리(hors-d'oeuvre = appetizer)

프랑스어로는 오르되브르, 영어로는 애피타이저라고 한다. 그날의 요리를 맛있게 먹을 수 있도록 식욕을 높이기 위한 메뉴로 적은 양의 요리가 나온다. 카나페, 시푸드 칵테일, 캐비아, 훈제연어, 거위간 등 여러 가지 종류가 있으며, 주로 고급스러운 재료로 만든다. 주요리를 먹을 수 있도록 배가 부르지 않게 적은 양을 먹는다. 주류로는 셰리주나 발포성 포도주인 샴페인을 마신다.

2 수프(soup)

생선 또는 고기를 이용하여 만든 맑은 콩소메와 국물의 농도가 진한 포타주로 나눌 수 있으며 정찬에서는 주로 콩소메가 나온다. 원래 수프의 종합적인 명칭을 포타주라 한다. 수프를 먹을 때는 왼손을 그릇 가장자리에 살며시 대고 오른손으로 스푼을 그릇의 앞에서 뒤쪽으로 떠서 소리 나지 않게 삼킨다. 이때 빵을 같이 곁들이는데 빵은 주요리를 먹을 때까지 같이 먹게 된다. 빵은 손을 사용하여 한 입 크기로 뜯어 버터를 발라 먹는다.

③ 생선 요리(fish)

흰 살 생선을 사용한 담백한 요리 또는 바닷가재와 새우, 조개 또는 달팽이 요리가 모두 포함되고, 달팽이 요리는 전채 요리로 이용되기도 하며 특수한 기구를 사용하여 먹는다.

생선이 뼈째 나왔을 때는 생선의 한쪽 면을 다 먹은 후 뒤집지 말고 포크와 나이프를 이용하여 뼈를 걷어 낸 후 다른 한쪽 면의 살을 먹는다. 여기에는 5~10℃ 정도로 차게 보관한 백포도주가 어울린다. 포도주를 마실 때는 포도주의 온도가 높아지지 않도록 잔의 기둥 부분을 잡도록 한다.

④ 고기 요리(entrée)

코스 메뉴를 약식으로 하는 경우에도 반드시 포함되는 메뉴로는 주로 소고기를 사용한 스테이크가 제공된다. 여기에는 실온(17~20℃)의 적포도주가 서브된다. 스테이크를 먹을 때는 오른손에 나이프, 왼손에 포크를 쥐고 고기의 왼쪽부터 한 입 크기로 썰어 가며 먹는다. 고기를 미리 다 썰어 놓고 먹으면 식어 버리고 육즙이 다 빠져나와 맛이 없어진다. 고기를 썰다 도중에 포도주 등 다른 음식을 먹을 때는 포크와 나이프를 여덟 팔자(八)로 접시 가장자리에 기대 놓고, 음식을 다 먹었을 때는 포크와 나이프를 4시 방향으로 가지런히 모아 놓는다.

| 포크와 나이프 쥐는 법 | 식사 중 | 식사 후 |

⑤ 소르베(sorbet)

고기 요리를 먹은 후 다음 요리를 먹기 위하여 입가심을 할 수 있도록 과즙과 술로 만든 빙과류이다. 서벗(sherbet)이라고도 한다.

⑥ 로스트(roast)

풀코스의 마지막 주요리로 닭, 오리 등의 가금류를 로스트한 것이 나오는데, 생략되는 경우가 많다.

⑦ 샐러드(salad)

보통 로스트 요리에 따라 나오며 2~3가지 정도의 드레싱이 같이 나오면 그 중 원하는 드레싱을 선택하여 먹을 수 있다. 샐러드의 주재료는 채소이므로 고기 요리와 같이 먹으면 소화에 도움을 준다. 요즘은 샐러드가 전채 요리로 사용되기도 한다.

⑧ 디저트(dessert)

프랑스어 '데세르비르(desservir)'에서 유래한 용어로 '치우다, 정리하다.'는 뜻이 담겨 있다. 식사의 마지막을 장식하는 요리로 단과자나 아이스크림, 케이크, 젤리 등이 이에 해당한다.

⑨ 과일(fruit)

계절의 신선한 과일이 통째로 나오는 경우가 많으므로 포크와 나이프를 사용하거나 손을 사용하여 먹는다. 핑거볼에 손가락을 가볍게 씻으면서 먹는다.

⑩ 음료(beverage)

식사의 마무리를 의미하며, 주로 농도가 진한 에스프레소가 보통 컵 반 정도 크기의 컵에 서브된다.

양식 조리 기능사 실기 시험 공통 사항

- 만드는 순서에 유의하며, 위생과 숙련된 기능 평가를 위하여 조리 작업 시 맛을 보지 않는다.
- 지정된 수험자 지참 준비물 이외의 조리기구나 재료를 시험장 내에 지참할 수 없다.
- 지급 재료는 시험 전 확인하여 이상이 있을 경우 시험위원으로부터 조치를 받고 시험 중에는 재료의 교환 및 추가 지급은 하지 않는다.
- 요구 사항의 규격은 **"정도"의 의미를 포함**하며, 지급된 **재료의 크기에 따라 가감하여 채점**한다.
- 위생복, 위생모, 앞치마, 마스크를 착용하여야 하며, 시험장비 · 조리기구 취급 등 안전에 유의한다.
- 다음 사항은 **실격**에 해당하여 **채점 대상에서 제외**된다.
  - (가) 수험자 본인이 시험 중 시험에 대한 포기 의사를 표현하는 경우
  - (나) 위생복, 위생모, 앞치마, 마스크를 착용하지 않은 경우
  - (다) 시험 시간 내에 과제 두 가지를 제출하지 못한 경우
  - (라) 문제의 요구 사항대로 과제의 수량이 만들어지지 않은 경우
  - (마) 완성품을 요구 사항의 과제(요리)가 아닌 다른 요리(예 달걀말이→달걀찜)로 만든 경우
  - (바) 불을 사용하여 만든 조리 작품이 작품의 특성에 벗어나는 정도로 타거나 익지 않은 경우
  - (사) 해당 과제의 지급 재료 이외의 재료를 사용하거나, 요구 사항의 조리기구(석쇠 등)로 완성품을 조리하지 않은 경우
  - (아) 지정된 수험자 지참 준비물 이외의 조리기술에 영향을 줄 수 있는 기구를 사용한 경우
  - (자) 가스레인지 화구 **2개 이상(2개 포함)** 사용한 경우
  - (차) 시험 중 시설 · 장비(칼, 가스레인지 등) 사용 시 시험위원 및 타수험자의 시험 진행에 위해를 일으킬 것으로 시험위원 전원이 합의하여 판단한 경우
  - (카) 요구 사항에 표시된 **실격 및 부정행위**에 해당하는 경우
- 항목별 배점은 위생 상태 및 안전 관리 5점, 조리 기술 30점, 작품의 평가 15점이다.
- 시험 시작 전 가벼운 몸 풀기(스트레칭) 동작으로 긴장을 풀고 시험을 시작한다.

양식
조리 기능사
출제 메뉴

- 전채 요리
- 샐러드
- 수프
- 오믈렛
- 샌드위치
- 파스타
- 생선 요리
- 고기 요리
- 소스
- 드레싱
- 스톡

쉬림프카나페
Shrimp Canapé

⏱ 30분

주어진 재료를 사용하여 다음과 같이 쉬림프카나페를 만드시오.

1. 새우는 내장을 제거한 후 미르포아(mirepoix)를 넣고 삶아서 껍질을 제거하시오.

2. 달걀은 **완숙**으로 삶아 사용하시오.

3. 식빵은 지름 **4cm**의 **원형**으로 하고 쉬림프카나페는 **4개** 제출하시오.

1. 새우를 부서지지 않도록 하고 달걀 삶기에 유의한다.

2. 식빵의 수분 흡수에 유의한다.

※ 나머지 유의 사항은 40쪽 공통 사항 참고

지급 재료

새우(30~40g)	4마리	달걀	1개	이쑤시개	1개
식빵(샌드위치용, 제조일로부터 하루 경과한 것)	1조각	버터(무염)	30g	셀러리	15g
당근(둥근 모양이 유지되게 등분)	15g	토마토케첩	10g	양파(중, 150g)	1/8개
레몬(길이(장축)로 등분)	1/8개	소금(정제염)	5g		
파슬리(잎, 줄기 포함)	1줄기	흰 후춧가루	2g		

만드는 법

1. 주어진 재료가 지급 재료 목록표와 맞는지 확인한다.

2. 파슬리는 깨끗이 씻어 찬물에 담가 싱싱해지도록 준비한다.

3. 새우는 이쑤시개로 등 쪽의 내장을 제거한 후 깨끗이 씻는다.

4. 미르포아(당근, 셀러리, 양파)는 굵게 채 썰어 놓는다.

5. 레몬은 2조각으로 나눠 1조각은 즙을 짤 수 있도록 가운데 부분의 섬유질을 잘라 놓는다.

▲ 새우를 삶는다.

6. 끓는 물에 소금을 넣고 새우와 미르포아, 레몬 1조각을 넣어 약 2분 정도 삶아 식힌 후 새우는 꺼내 껍질을 벗기고 포를 떠서 레몬즙, 소금, 흰 후춧가루로 밑간한다.

7. 냄비에 달걀과 달걀이 잠길 만큼의 물, 소금 약간을 넣은 후 달걀이 깨지지 않도록 나무주걱으로 조심스럽게 저어 노른자가 가운데 오도록 한다. 물이 끓으면 젓는 것을 멈추고 12분간 완숙으로 삶아 찬물에 헹궈 껍데기를 벗긴 후 0.5cm 두께로 자른다.

▲ 식빵을 둥글게 자른다.

8. 식빵은 4등분하여 모서리를 둥글게 잘라 지름 4cm로 다듬은 후 기름기 없는 팬에서 약한 불로 앞뒤로 노릇노릇하게 굽는다.

9. 잘 구운 식빵에 버터를 바르고 7에서 잘라 둔 달걀을 얹는다.

10. 밑간해 놓은 새우를 달걀 한가운데 보기 좋고 균형 있게 올린다.

11. 새우 가운데 쪽에 토마토케첩을 대나무젓가락으로 적당량 얹는다.

▲ 새우 위에 토마토케첩을 얹는다.

12. 물기를 제거한 파슬리를 작게 잘라 토마토케첩의 윗부분에 올려 장식한다.

정보

- 식빵을 구울 때는 약한 불로 천천히 구워야 타지 않으며 바삭하게 구워진다.
- 양파, 당근, 셀러리를 합해 미르포아(mirepoix)라 부르며, 새우를 삶을 때 넣어 새우 비린내를 제거한다.
- 카나페(canapé)는 사각형 또는 둥근 형태의 빵 조각에 양념과 장식을 멋지게 한 요리를 말하며, 식전의 전채 요리로, 또는 칵테일 파티의 간단한 안줏거리로 즐겨 사용한다.

참치 타르타르
Tuna Tartar

⏱ 30분

주어진 재료를 사용하여 다음과 같이 참치 타르타르를 만드시오.

1. 참치는 꽃소금을 사용하여 해동하고 3~4mm의 작은 주사위 모양으로 썰어 양파, 그린올리브, 케이퍼, 처빌 등을 이용하여 **타르타르**를 만들어 곁들이시오.

2. 채소를 이용하여 **샐러드 부케**를 만들어 곁들이시오.

3. 참치타르타르는 테이블스푼 2개를 사용하여 **퀜넬 형태**로 **3개**를 만드시오.

4. **채소 비네그레트**는 양파, 붉은색과 노란색 파프리카, 오이를 가로세로 2mm의 작은 주사위 모양으로 썰어서 사용하고, 파슬리와 딜은 다져서 사용하시오.

1. 썬 참치의 핏물 제거와 색의 변화에 유의하시오.

2. 샐러드 부케 만드는 것에 유의하시오.

※ 나머지 유의 사항은 40쪽 공통 사항 참고

지급 재료

붉은색 참치살(냉동 지급) ············ 80g	**레몬**(길이(장축)로 등분) ···· 1/4개	**꽃소금** ···················· 5g
차이브(fresh, 실파로 대체 가능) ····· 5줄기	**양파**(중, 150g) ················ 1/8개	**흰 후춧가루** ················ 3g
롤라로사(lollo rossa, 꽃(적)상추로 대체 가능) 2잎	**그린올리브** ···················· 2개	**그린치커리**(fresh) ········· 2줄기
붉은색 파프리카(길이 5~6cm, 150g) ··· 1/4개	**케이퍼** ······················· 5개	**파슬리**(잎, 줄기 포함) ····· 1줄기
노란색 파프리카(길이 5~6cm, 150g) ·· 1/8개	**올리브오일** ················ 25mL	**딜**(fresh) ··············· 3줄기
오이(가늘고 곧은 것, 20cm) ········· 1/10개	**핫소스** ···················· 5mL	**식초** ···················· 10mL
(길이로 반을 갈라 10등분)	**처빌**(fresh) ················ 2줄기	

• **지참 준비물 추가 : 테이블스푼 2개**(퀜넬용, 머릿부분 가로 6cm, 세로(폭) 3.5~4cm)

만드는 법

1. 참치살은 꽃소금으로 해동하여 면포로 물기를 빼고 3~4mm 정도의 작은 주사위 모양으로 썬 후 나머지 핏물을 제거한다.

2. 레몬은 2조각으로 나눠 즙을 짤 수 있게 섬유질을 정리한다.

3. [샐러드 부케 만들기] 롤라로사와 그린치커리, 차이브 중 일부는 찬물에 담가 싱싱해지도록 한다. 나머지 차이브는 끓는 물에 살짝 데쳐 찬물에 헹군 후 물기를 뺀다. 붉은색 · 노란색 파프리카는 가늘고 길게 채 썬다. 롤라로사 안쪽에 그린치커리와 차이브, 채 썬 붉은색 · 노란색 파프리카를 조금씩 올려 돌돌 만 후 데친 차이브로 아랫부분을 묶어 샐러드 부케를 만든다.

4. [채소비네그레트 만들기] 붉은색 · 노란색 파프리카, 양파, 오이는 가로세로 2mm 정도의 작은 주사위 모양으로 썰고, 파슬리와 딜은 곱게 다진다. 우묵한 볼에 올리브오일 1큰술과 식초 1작은술(올리브오일과 식초 비율 3 : 1), 꽃소금, 흰 후춧가루를 넣고 거품기를 사용하여 한쪽 방향으로 저어 올리브오일과 식초가 뿌옇게 섞이면 작게 썬 붉은색 · 노란색 파프리카, 양파 · 오이와 다진 파슬리 · 딜을 레몬즙과 함께 넣고 섞어 채소비네그레트를 만든다.

5. [참치타르타르 만들기] 양파와 그린올리브, 케이퍼, 처빌은 곱게 다진다. 작게 썬 참치살에 다진 양파 · 그린올리브 · 케이퍼 · 처빌과 레몬즙, 올리브오일 1/2큰술, 핫소스, 꽃소금, 흰 후춧가루를 넣고 잘 섞어 참치타르타르를 만든다.

6. 참치타르타르를 테이블스푼으로 절반 정도 뜬 후 나머지 테이블스푼을 마주 대고 가운데가 볼록한 삼각기둥 모양의 퀜넬 형태로 다듬어 완성 접시 위에 3군데 놓는다.

7. 샐러드 부케를 접시 중앙에 담고, 채소비네그레트를 가장자리에 보기 좋게 뿌려 낸다.

▲ 참치살을 녹여 3~4mm의 주사위 모양으로 썬다.

▲ 샐러드 부케를 만든다.

▲ 테이블스푼으로 참치타르타르를 퀜넬 형태로 만든다.

포테이토샐러드
Potato Salad

🕐 **30분**

주어진 재료를 사용하여 다음과 같이 포테이토샐러드를 만드시오.

1. 감자는 껍질을 벗긴 후 1cm의 **정육면체**로 썰어서 삶으시오.

2. 양파는 곱게 다져 매운맛을 제거하시오.

3. 파슬리는 다져서 사용하시오.

1. 감자는 잘 익고 부서지지 않도록 유의하고, 양파의 매운맛 제거에 유의한다.

2. 양파와 파슬리는 뭉치지 않도록 버무린다.

※ 나머지 유의 사항은 40쪽 공통 사항 참고

| **감자**(150g) ·········· 1개 | **파슬리**(잎, 줄기 포함) ·········· 1줄기 | **흰 후춧가루** ·········· 1g |
| **양파**(중, 150g) ·········· 1/6개 | **소금**(정제염) ·········· 5g | **마요네즈** ·········· 50g |

만드는 법

1. 주어진 재료가 지급 재료 목록표와 맞는지 확인한다.

2. 파슬리는 깨끗이 씻어 싱싱해지도록 물에 담가 둔다.

3. 감자는 깨끗이 씻어 껍질을 벗기고 1cm 정도의 정육면체로 썰어 찬물에 담가 갈변을 방지한다.

4. 썰어 놓은 감자를 냄비에 담은 후 감자가 잠길 정도의 물을 붓고 소금 약간을 넣어 삶는다.

5. 이쑤시개로 감자를 찔러 보아 익은 것을 확인한 후 체에 건져 물에 헹구지 말고 그대로 식힌다.

6. 양파는 곱게 다진 후 소금을 뿌려 놓았다가 물기가 생기면 면포에 감싸 물에 헹궈 매운맛을 제거하고 물기를 꼭 짠다.

7. 파슬리는 줄기를 떼고 잎 부분만 곱게 다진 후 면포에 넣고 물에 헹궈 물기를 꼭 짜서 파슬리가루를 만들어 둔다.

8. 삶은 감자와 다진 양파, 파슬리가루를 볼에 넣고 약간의 소금과 흰 후춧가루로 간을 한 후 마요네즈로 버무린다.

9. 접시에 포테이토샐러드를 소복이 담은 후 남은 파슬리가루를 약 전히 뿌려 낸다.

▲ 감자를 썰어 물에 담가 둔다.

▲ 양파를 물에 헹궈 매운맛을 제거한다.

▲ 재료에 마요네즈를 넣고 버무린다.

정보

• 감자는 너무 익으면 마요네즈에 버무릴 때 뭉그러지므로 조심한다.
• 감자를 삶을 때 감자에 소금 간이 밸 정도의 양을 미리 넣는 것이 나중에 소금 간을 하는 것보다 간이 잘 스며든다.
• 감자가 뜨거울 때 마요네즈를 버무리면 마요네즈가 녹아 버릴 수 있으므로 한김 나간 후에 버무리는 것이 좋다.

월도프샐러드
Waldorf Salad

⏱ 20분

 요구사항

주어진 재료를 사용하여 다음과 같이 월도프샐러드를 만드시오.

1. 사과, 셀러리, 호두알을 사방 1cm의 크기로 써시오.

2. 사과의 껍질을 벗겨 변색되지 않게 하고, 호두알의 속껍질을 벗겨 사용하시오.

3. 상추 위에 **월도프샐러드**를 담아내시오.

 유의사항

1. 사과의 변색에 유의한다.

※ 나머지 유의 사항은 40쪽 공통 사항 참고

만드는 법

1. 주어진 재료와 지급 재료 목록표가 맞는지 확인한다.
2. 양상추는 찬물에 담가 싱싱해지도록 준비한다.
3. 호두는 따뜻한 물에 담가 속껍질을 부드럽게 불린다.
4. 레몬은 2조각으로 나눠 즙을 짤 수 있도록 가운데 부분의 섬유질을 잘라 놓는다.
5. 사과는 껍질을 벗기고 사방 1cm 정도의 정육면체로 썰어 약간의 레몬즙을 탄 물에 담가 변색을 방지한다.
6. 셀러리는 껍질을 벗기고 사과와 같은 크기로 썬다.
7. 물에 불린 호두는 이쑤시개로 속껍질을 완전히 벗기고 사과와 같은 크기로 썰어 놓는다.
8. 사과를 체에 받쳐 물기를 빼고 면포로 남은 물기를 제거한 후 셀러리, 호두와 합하여 마요네즈와 레몬즙을 넣고 버무린다.
9. 8에 약간의 소금과 흰 후춧가루를 넣어 맛을 낸다.
10. 접시에 물기를 제거한 양상추를 깔고 그 위에 버무린 월도프샐러드를 소복이 담아낸다.

▲ 사과는 껍질을 벗기고 썬다.

▲ 불린 호두의 속껍질을 벗긴다.

▲ 마요네즈와 레몬즙을 넣고 버무린다.

정보

- 사과는 일정한 크기로 썰어야 보기에 좋다.
- 레몬은 사과의 변색을 방지하기 위한 가장 좋은 재료로 사용하므로 장식을 해서 내지 않도록 주의한다.
- 양상추에 물기가 없도록 잘 제거해서 사용한다.

해산물샐러드
Seafood Salad

⏱ 30분

**요구
사항**

주어진 재료를 사용하여 다음과 같이 해산물샐러드를 만드시오.

1. 미르포아(mirepoix), 향신료, 레몬을 이용하여 **쿠르부용(court-bouillon)**을 만드시오.

2. 해산물은 손질하여 **쿠르부용**에 데쳐서 사용하시오.

3. 샐러드 채소는 깨끗이 손질하여 싱싱하게 하시오.

4. **레몬비네그레트**는 양파, 레몬즙, 올리브오일 등을 사용하여 만드시오.

**유의
사항**

※ 40쪽 공통 사항 참고

새우(30~40g)	3마리	중합(지름 3cm, 모시조개 · 백합		올리브오일	20mL
관자살(개당 50~60g, 해동 지급)	1개	등 대체 가능)	3개	식초	10mL
피홍합(길이 7cm 이상)	3개	양파(중, 150g)	1/4개	딜(fresh)	2줄기
당근(둥근 모양이 유지되게 등분)	15g	마늘(중, 깐 것)	1쪽	월계수잎	1잎
롤라로사(꽃(적)상추로 대체 가능)	2잎	실파(1뿌리)	20g	셀러리	10g
레몬(길이(장축)로 등분)	1/4개	그린치커리	2줄기	소금(정제염)	5g
흰 통후추(검은 통후추로 대체 가능)	3개	양상추	10g	흰 후춧가루	5g

레몬비네그레트 양파 1/2개, **올리브오일** 20mL, **레몬** 1/2개, **마늘**(깐 것) 1쪽, **식초** 10mL, 딜 2줄기, **소금 · 흰 후춧가루** 5g

만드는 법

1. 주어진 재료가 지급 재료 목록표와 맞는지 확인한다.

2. 샐러드 채소인 그린치커리, 양상추, 롤라로사는 깨끗이 씻어 찬물에 담가 싱싱해지도록 한다.

3. 새우는 이쑤시개를 사용하여 등 쪽의 내장을 빼고, 중합과 피홍합은 소금물에 담가 해감한다. 관자살은 가장자리의 얇은 막을 제거하고 0.5cm 정도 두께로 결 반대 방향으로 썰어 놓는다.

▲ 레몬비네그레트를 만든다.

4. 미르포아(양파, 당근, 셀러리)는 쿠르부용의 용도에 맞게 잘게 썬다. 이때 양파의 절반 분량은 레몬비네그레트용으로 곱게 다진다.

5. 마늘과 딜은 곱게 다지고, 레몬은 2조각으로 나눠 1조각은 즙을 짤 수 있도록 가운데 부분의 섬유질을 제거하여 레몬비네그레트용으로 준비하고 1조각은 얇게 저며 쿠르부용용으로 준비한다.

▲ 미르포아와 향신료, 레몬을 사용하여 쿠르부용을 끓인다.

6. 올리브오일, 식초, 레몬즙을 한데 담고 거품기로 잘 저어 분리되지 않도록 한 후 다진 양파 · 마늘 · 딜, 소금, 흰 후춧가루를 넣고 양념하여 레몬비네그레트를 만든다.

7. 냄비에 물을 붓고 4의 미르포아와 향신료(월계수잎, 흰 통후추), 얇게 저민 레몬을 넣고 끓여 쿠르부용을 만든다.

8. 중합과 피홍합을 7의 쿠르부용에 넣고 끓여 조개가 입을 열면 건져서 한쪽 껍데기를 제거해 놓은 후 관자살을 데치고, 마지막에 새우를 삶아 완전히 식힌 후 껍질을 벗긴다.

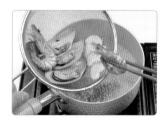
▲ 해산물을 쿠르부용에 익혀 낸다.

9. 2의 샐러드 채소는 물기를 제거하고 한 입 크기로 자른다.

10. 익혀 놓은 해산물을 접시에 보기 좋게 담은 후 중심에 샐러드 채소를 어우러지도록 담고 실파를 송송 썰어 뿌린다.

11. 레몬비네그레트를 다시 한 번 잘 저은 후 골고루 끼얹어 낸다.

시저샐러드
Caesar Salad

35분

요구
사항

주어진 재료를 사용하여 다음과 같이 시저샐러드를 만드시오.

1. 마요네즈(100g 이상), 시저드레싱(100g 이상), 시저샐러드(전량)를 만들어 3가지를 각각 별도의 그릇에 담아 제출하시오.

2. 마요네즈는 달걀노른자, 카놀라오일, 레몬즙, 디존 머스터드, 화이트와인 식초를 사용하여 만드시오.

3. 시저드레싱은 마요네즈, 마늘, 앤초비, 검은 후춧가루, 파미지아노 레기아노, 올리브오일, 디존 머스터드, 레몬즙을 사용하여 만드시오.

4. 파미지아노 레기아노는 **강판**이나 **채칼**을 사용하시오.

5. 시저샐러드는 로메인 상추, 곁들임(크루통(1x1cm), 구운 베이컨(폭 0.5cm), 파미지아노 레기아노), 시저드레싱을 사용하여 만드시오.

유의
사항

※ 40쪽 공통 사항 참고

지급 재료

달걀(60g, 상온에 보관한 것)	2개	베이컨(길이 25∼30cm)	1조각	검은 후춧가루	5g
디존 머스타드	10g	앤초비	3개	파미지아노 레기아노치즈(덩어리)	20g
레몬	1개	올리브오일(extra virgin)	20mL	화이트와인 식초	20mL
로메인 상추	50g	카놀라오일	300mL	소금	10g
마늘	1쪽	식빵(슬라이스)	1쪽		

만드는 법

1. 로메인 상추는 뿌리 끝을 제거하고 한 잎씩 뜯어 깨끗이 씻은 후 먹기 좋게 한 입 크기로 뜯어서 찬물에 담가 싱싱하게 준비한다.

2. 앤초비는 키친타월에 올려놓고 기름기를 제거한 후 곱게 다진다.

3. 마늘은 곱게 다지고 레몬은 세로 방향으로 썰어 가운데 섬유질을 제거해 즙을 짜기 좋은 상태로 준비한다.

4. 베이컨은 프라이팬에 기름 없이 바삭하게 구운 후, 키친타월로 감싸 도마 밑에 놓고 눌러 평평하게 한 다음 0.5cm 폭으로 채 썬다.

5. 식빵은 네 귀퉁이를 잘라내고 사방 1cm 크기의 정육면체로 썬 후 달궈진 팬에 노릇하게 구워 쿠르통을 만든다.

6. 바닥이 둥글고 우묵한 볼에 달걀노른자를 넣고 디존 머스터드 1작은술을 넣은 후 카놀라유를 한 방울씩 떨어뜨려 가며 거품기를 사용하여 한쪽 방향으로 젓는다. 카놀라유가 절반 가까이 들어가면 분량을 늘려가며 넣는다.

7. 6의 분량이 300mL 정도 만들어지면 화이트와인 식초, 소금, 검은 후춧가루로 간을 하고 레몬즙을 짜 넣어 마요네즈를 완성한다.

8. 우묵한 볼에 다진 앤초비와 다진 마늘을 넣고 파미지아노 레기아노 치즈를 절반 분량만 강판에 곱게 갈아 같이 섞은 후, 올리브오일, 화이트와인 식초, 레몬즙, 검은 후춧가루를 넣고 잘 섞어 시저 드레싱을 완성한다.

9. 7에서 완성한 마요네즈의 2/3 분량을 덜어 8에 넣고 잘 섞어 시저 드레싱을 완성한다. 이 드레싱의 절반 분량과 남은 마요네즈는 따로 그릇에 담아 제출용으로 준비한다.

10. 1의 로메인 상추의 물기를 제거하고 우묵한 볼에 담은 후 베이컨과 쿠르통을 넣는다.

11. 8의 시저드레싱을 위의 샐러드에 넣고 가볍게 섞어 무친 후 그릇에 담는다. 남은 파미지아노 레기아노 치즈를 강판이나 채칼로 갈아 샐러드의 윗면에 골고루 뿌려 완성한다.

▲ 앤초비를 잘게 다진다.

▲ 마요네즈를 만든다.

▲ 재료에 드레싱을 넣어 버무린다.

정보

• 마요네즈는 오일의 양을 조금씩 사용하여 한쪽 방향으로 저어 만든다.

• 시저 샐러드는 시험에서 전량을 제출해야 하므로, 한 입 크기로 뜯어 충분한 양을 사용한다.

비프콩소메
Beef Consommé

⏱ 40분

요구 사항

주어진 재료를 사용하여 다음과 같이 비프콩소메를 만드시오.

1. 어니언 브루리(onion brulee)를 만들어 사용하시오.

2. 양파를 포함한 채소는 채 썰어 **향신료, 소고기, 달걀흰자 머랭**과 함께 섞어 사용하시오.

3. 수프는 맑고 **갈색**이 되도록 하여 **200mL 이상** 제출하시오.

유의 사항

1. 맑고, 갈색의 수프가 되도록 불 조절에 유의한다.

※ 나머지 유의 사항은 40쪽 공통 사항 참고

소고기(살코기, 갈은 것)	70g	**셀러리**	30g	**검은 통후추**	1개
양파(중, 150g)	1개	**달걀**	1개	**월계수잎**	1잎
당근(둥근 모양이 유지되게 등분)	40g	**소금**(정제염)	2g	**정향**	1개
비프스톡(육수, 물로 대체 가능)	500mL	**검은 후춧가루**	2g		
토마토(중, 150g)	1/4개	**파슬리**(잎, 줄기 포함)	1줄기		

만드는 법

1. 주어진 재료가 지급 재료 목록표와 맞는지 확인한다.

2. 양파는 일부는 0.4cm 두께로 2~3조각을 썰어 진한 갈색이 나도록 팬에 구워 어니언 브루리를 만들고, 나머지는 0.3cm 두께로 채를 썬다.

3. 셀러리는 껍질을 제거하여 0.3cm 굵기로 채를 썰고, 당근도 같은 굵기로 채를 썬다.

▲ 양파를 진한 갈색으로 굽는다.

4. 소고기는 핏물과 기름기를 제거하여 다지고, 토마토는 껍질과 씨를 제거한 후 다진다.

5. 달걀은 흰자를 분리하여 물기가 없는 볼에 넣고 거품기를 사용하여 흐르지 않을 정도로 저어 거품을 낸다.

6. 채 썬 양파 · 셀러리 · 당근과 다진 소고기를 같이 잘 섞어 소금, 검은 후춧가루로 살짝 간을 한 후 거품을 낸 달걀흰자를 조심스럽게 넣어 버무린다.

▲ 달걀흰자에 버무린 재료를 넣는다.

7. 냄비에 비프스톡(또는 물)을 붓고 버무려 놓은 6의 재료들을 넣은 후 뚜껑을 연 채로 끓인다.

8. 끓어오르면 넘치지 않게 불을 줄이고 다진 토마토와 파슬리, 월계수잎, 정향, 어니언 브루리, 검은 통후추를 넣고 약한 불에서 은근히 끓인다.

▲ 국물을 면포에 거른다.

9. 국물이 1컵(200mL) 정도의 양으로 줄면 깨끗한 면포에 거른 후 소금으로 간을 해서 그릇에 담아낸다(200mL보다 적으면 안 된다).

정보

- 양파를 충분히 구워 색이 진한 어니언 브루리를 만들어 사용해야 국물 색이 갈색을 띤다.
- 불이 너무 세거나 약하면 국물이 맑아지지 않으므로 불 조절에 신경쓴다.
- 양파, 당근, 셀러리는 굵게 다져서 사용해도 좋다.
- 시험에서는 육수가 지급되는 경우가 거의 없으므로 물로 대체해서 사용하며, 재료의 맛을 서서히 우려내야 하므로 끓는 물에 재료를 넣지 않도록 유의한다.

標

피시차우더수프
Fish Chowder Soup

⏰ **30분**

**요구
사항**

주어진 재료를 사용하여 다음과 같이 피시차우더수프를 만드시오.

1. 차우더수프는 **화이트 루(roux)**를 이용하여 농도를 맞추시오.
2. 채소는 0.7×0.7×0.1cm, 생선은 1×1×1cm 크기로 써시오.
3. 대구살을 이용하여 **생선스톡**을 만들어 사용하시오.
4. 수프는 **200mL 이상** 제출하시오.

**유의
사항**

1. 수프의 색은 흰색이어야 한다.
2. 베이컨은 기름을 빼고 사용한다.
 ※ 나머지 유의 사항은 40쪽 공통 사항 참고

 수프

대구살(해동 지급)	50g	**셀러리**	30g	**소금**(정제염)	2g
감자(150g)	1/4개	**버터**(무염)	20g	**흰 후춧가루**	2g
베이컨(길이 25~30cm)	1/2조각	**밀가루**(중력분)	15g	**정향**	1개
양파(중, 150g)	1/6개	**우유**	200mL	**월계수잎**	1잎

만드는 법

1. 주어진 재료가 지급 재료 목록표와 맞는지 확인한다.

2. 대구살은 사방 1cm 정도 크기로 썬다.

3. 양파는 피시스톡용으로 쓸 일부를 조각으로 남겨 두고 나머지는 폭 0.7cm, 두께 0.1cm로 썬다.

4. 냄비에 물 1.5~2컵을 붓고 끓으면 썰어 놓은 대구살과 양파 조각, 월계수잎, 정향을 같이 넣고 거품을 제거하며 끓여 면포에 거른 후 생선살과 국물(피시스톡)을 따로 준비한다.

▲ 생선살을 익힌 국물을 면포에 거른다.

5. 베이컨은 끓는 물에 데쳐 기름기를 제거한 후 0.7cm로 썬다.

6. 감자는 폭 0.7cm, 두께 0.1cm로 썰어 물에 씻어 전분을 제거한 후 끓는 물에 소금을 넣고 삶아 내고, 셀러리는 껍질을 제거하고 감자와 같은 크기로 썬다.

7. 썰어 놓은 양파와 셀러리는 팬에 버터를 약간 두르고 각각 볶아 낸다.

▲ 화이트 루를 만든다.

8. 냄비에 버터를 녹이고 밀가루를 넣어 약한 불에서 30초 정도 볶아 화이트 루를 만든 후 4에서 준비해 둔 피시스톡을 조금씩 부어 덩어리가 없도록 잘 푼다.

9. 볶은 셀러리와 양파, 데친 베이컨을 8에 넣고 끓이다가 우유를 넣어 농도가 날 때까지 끓인다.

▲ 준비한 재료를 넣고 끓인다.

10. 마지막으로 삶은 감자와 생선살을 넣고 소금과 흰 후춧가루로 간을 해서 담아낸다.

정보

• 국물과 건더기의 비율은 3 : 1 정도로 한다.
• 밀가루는 약한 불에서 볶아야 흰색의 깨끗한 수프를 만들 수 있다.
• 스톡을 넣고 밀가루를 풀어 줄 때는 불에서 잠시 내려 놓고 저으면 멍울이 생기지 않는다.
• 스톡은 재료를 찬물에 넣고 끓이는 것이 원칙이지만 생선살로만 국물을 내야 하므로 부서지는 것을 방지하기 위해 물을 먼저 끓인 후 생선살을 넣는다.

프렌치어니언수프
French Onion Soup

⏱ 30분

**요구
사항**

주어진 재료를 사용하여 다음과 같이 프렌치어니언수프를 만드시오.

1. 양파는 5cm 크기의 길이로 일정하게 써시오.
2. 바게트빵에 마늘버터를 발라 구워서 따로 담아내시오.
3. 수프의 양은 **200mL 이상** 제출하시오.

**유의
사항**

1. 수프의 색깔이 갈색이 나도록 하여야 한다.
   ※ 나머지 유의 사항은 40쪽 공통 사항 참고

양파(중, 150g) ······················· 1개	**버터**(무염) ············· 20g	**백포도주** ············· 15mL
바게트빵 ······························ 1조각	**소금**(정제염) ············· 2g	**마늘**(중, 깐 것) ········ 1쪽
맑은 스톡(비프스톡 또는 콩소메. 물로 대체 가능) ···· 270mL	**검은 후춧가루** ············· 1g	
파슬리(잎, 줄기 포함) ···················· 1줄기	**파르메산 치즈가루** ···· 10g	

만드는 법

1. 주어진 재료가 지급 재료 목록표와 맞는지 확인한다.

2. 파슬리는 싱싱해지도록 물에 담가 놓고, 마늘은 곱게 다진다.

3. 양파는 5cm로 길이를 맞춰 결 방향대로 가늘고 고르게 채를 썬다.

4. 파슬리는 잎 부분만 떼어 곱게 다진 후 면포에 감싸 헹구고 물기를 꼭 짜서 파슬리가루를 만든 다음, 다진 마늘과 함께 버터에 섞어 마늘 버터를 만든다.

▲ 마늘 버터를 만든다.

5. 바게트빵은 1cm 두께로 썰어 한쪽 면에 마늘 버터를 바른 후 팬에서 옅은 갈색이 나도록 바삭하게 구워 마늘 토스트를 만든다.

6. 냄비에 버터를 약간 두르고 채 썬 양파를 중간 불에서 갈색이 날 때까지 충분히 볶는다. 이때 중간에 백포도주 1큰술 분량을 조금씩 나누어 넣어 가면서 볶으면 색이 곱게 물든다. 백포도주를 사용한 후 맑은 스톡(또는 물)을 조금씩 넣어 가며 계속 볶는다.

▲ 마늘 토스트를 만든다.

7. 양파가 짙은 갈색이 되면 맑은 스톡(또는 물)을 넣고 약한 불에서 거품을 제거하며 은근히 끓인다.

8. 수프의 양이 1컵(200mL) 정도로 줄면 소금과 검은 후춧가루로 간을 해서 그릇에 담는다(200mL보다 적으면 안 된다).

9. 구워 놓은 마늘 토스트 윗면에 파르메산 치즈가루를 뿌려 접시에 담고 8의 수프와 함께 제출한다.

▲ 양파를 갈색이 나게 볶는다.

정보

• 프렌치어니언수프는 프랑스의 대표적인 수프로, 수프 위에 마늘 토스트와 모차렐라 치즈, 파르메산 치즈가루를 듬뿍 얹어 오븐에 굽는 요리이나, 시험장에는 오븐이 없으므로 구워 내는 과정을 생략한다.

• 양파는 나무주걱보다는 대나무젓가락으로 볶으면 양파의 결이 으깨지지 않는다.

미네스트로니수프
Minestrone Soup

⏱ 30분

**요구
사항**

주어진 재료를 사용하여 다음과 같이 미네스트로니수프를 만드시오.

1. 채소는 사방 1.2cm, 두께 0.2cm로 써시오.

2. 스트링빈스, 스파게티는 1.2cm의 길이로 써시오.

3. 국물과 고형물의 비율을 3 : 1로 하시오.

4. 전체 수프의 양은 200mL 이상으로 하고 파슬리가루를 뿌려내시오.

**유의
사항**

1. 수프의 색과 농도를 잘 맞추어야 한다.

※ 나머지 유의 사항은 40쪽 공통 사항 참고

양파(중, 150g)	1/4개	**셀러리**	30g	**마늘**(중, 깐 것)	1쪽
스트링빈스(냉동. 채두로 대체 가능)	2줄기	**무**	10g	**소금**(정제염)	2g
당근(둥근 모양이 유지되게 등분)	40g	**양배추**	40g	**검은 후춧가루**	2g
토마토(중, 150g)	1/8개	**버터**(무염)	5g	**월계수잎**	1잎
파슬리(잎, 줄기 포함)	1줄기	**완두콩**	5알	**정향**	1개
베이컨(길이 25~30cm)	1/2조각	**스파게티**	2가닥		
치킨스톡(물로 대체 가능)	200mL	**토마토 페이스트**	15g		

만드는 법

1. 주어진 재료가 지급 재료 목록표와 맞는지 확인한다.

2. 토마토는 껍질과 씨를 제거하고, 무·당근·양파는 껍질을 벗기고, 셀러리는 껍질과 섬유질을 벗긴 후 각각 사방 1.2cm, 두께 0.2cm로 썰어 둔다. 양배추도 같은 크기로 썬다.

3. 마늘은 다지고, 스트링빈스(껍질콩)는 1.2cm 길이로 썬다.

4. 파슬리는 줄기를 떼어 두고 잎 부분만 곱게 다져 면포에 감싸 흐르는 물에 여러 번 헹군 후 물기를 꼭 짜서 파슬리가루를 만든다.

5. 스파게티는 끓는 물에 소금을 약간 넣고 삶아 1.2cm 길이로 자른다.

6. 베이컨은 끓는 물에 데쳐 기름기를 제거한 후 1.2×1.2cm 크기로 썬다.

7. 냄비에 버터를 넣어 녹인 후 다진 마늘과 양파를 볶다가 당근, 무, 셀러리, 양배추, 토마토 순서로 볶다가 토마토 페이스트를 넣고 신맛이 제거될 정도로 볶는다.

8. 7에 치킨스톡(또는 물)과 부케가르니(월계수잎, 정향, 파슬리 줄기)를 넣고 중간 불에서 은근히 끓이며 거품을 제거한다.

9. 부케가르니를 꺼내고 마지막에 완두콩과 스트링빈스, 스파게티, 베이컨을 넣고 끓인 후 소금과 검은 후춧가루로 간을 한다.

10. 수프를 그릇에 담고 파슬리가루를 뿌려 낸다.

▲ 재료를 규격에 맞게 썬다.

▲ 스파게티를 삶는다.

▲ 볶은 재료에 토마토 페이스트를 넣는다.

- 미네스트로니는 파스타를 첨가한 이탈리아의 대표적인 수프이다.
- 스파게티를 삶지 않고 넣으면 수프에 걸쭉하게 농도가 생기므로 반드시 삶아서 사용한다.
- 많은 종류의 재료가 들어가므로 각 재료의 크기가 일정해야 깔끔한 모양이 나온다.

포테이토크림수프
Potato Cream Soup

⏲ **30분**

 요구 사항

주어진 재료를 사용하여 다음과 같이 포테이토크림수프를 만드시오.

1. 크루통(crouton)의 크기는 사방 0.8~1cm로 만들어 버터에 볶아 수프에 띄우시오.
2. 익힌 감자는 체에 내려 사용하시오.
3. 수프의 색과 농도에 유의하고 200mL 이상 제출하시오.

 유의 사항

1. 수프의 농도를 잘 맞추어야 한다.
2. 수프를 끓일 때 생기는 거품을 걷어 내어야 한다.
   ※ 나머지 유의 사항은 40쪽 공통 사항 참고

감자(200g)	1개	**버터**(무염)	15g	**흰 후춧가루**	1g
대파(흰 부분, 10cm)	1토막	**생크림**(동물성)	20mL	**월계수잎**	1잎
양파(중, 150g)	1/4개	**식빵**(샌드위치용)	1조각		
치킨스톡(물로 대체 가능)	270mL	**소금**(정제염)	2g		

만드는 법

1. 주어진 재료가 지급 재료 목록표와 맞는지 확인한다.

2. 양파와 대파는 곱게 채를 썰어 놓는다.

3. 감자는 껍질을 벗기고 4등분하여 0.3cm 정도 두께로 납작하게 썰어 찬물에 담가 갈변을 방지하고 전분기를 제거해 놓는다.

4. 식빵은 가장자리의 갈색 부분을 자르고 0.8~1cm 크기로 잘라 버터를 약간 두른 팬에서 노릇노릇하게 구워 크루톤을 만든다.

5. 냄비에 버터를 두르고 양파와 대파를 넣어 볶다가 감자를 넣고 살짝 볶은 후 치킨스톡(또는 물)을 붓고 월계수잎을 넣어 뚜껑을 덮고 중간 불에서 은근히 끓인다. 끓이는 도중에 거품을 걷어 낸다.

6. 감자가 충분히 익어 나무주걱으로 눌러 보아 힘없이 쉽게 부서질 정도가 되면 월계수잎을 건져 내고 체에 밭쳐 내린다.

7. 체에 내린 감자와 국물을 함께 냄비에 다시 담고 농도를 맞춰 가며 끓인 후 생크림을 넣고 살짝 끓여 농도를 맞춘다.

8. 소금과 흰 후춧가루로 간을 맞춘 후 불을 끄고 그릇에 담아 크루톤을 띄워 낸다.

▲ 감자를 얇게 썰어 물에 담가 둔다.

▲ 식빵을 구워 크루톤을 만든다.

▲ 익은 감자를 체에 내린다.

정보

• 완성된 수프가 식으면 금방 농도가 되직해지므로 유의하여 농도를 맞춘다.

• 크루톤은 기름에 노릇하게 튀겨서 사용하기도 한다.

치즈오믈렛
Cheese Omelet

⏱ 20분

주어진 재료를 사용하여 다음과 같이 치즈오믈렛을 만드시오.

1. 치즈는 사방 0.5cm로 자르시오.

2. 치즈가 들어 있는 것을 알 수 있도록 하고, 익지 않은 달걀이 흐르지 않도록 만드시오.

3. 나무젓가락과 팬을 이용하여 **타원형**으로 만드시오.

1. 익힌 오믈렛이 갈라지거나 굳어지지 않도록 유의한다.

※ 나머지 유의 사항은 40쪽 공통 사항 참고

달걀 ⋯⋯⋯⋯⋯⋯⋯⋯⋯ 3개	**버터**(무염) ⋯⋯⋯⋯⋯⋯ 30g	**생크림**(동물성) ⋯⋯⋯⋯ 20mL
치즈(가로, 세로 8cm) ⋯⋯⋯⋯ 1장	**식용유** ⋯⋯⋯⋯⋯⋯⋯ 20mL	**소금**(정제염) ⋯⋯⋯⋯⋯⋯ 2g

만드는 법

1. 주어진 재료가 지급 재료 목록표와 맞는지 확인한다.

2. 치즈는 비닐 포장을 벗기고 사방 0.5cm 크기로 일정하게 썬다.

3. 달걀은 흰자와 노른자가 고루 섞이도록 볼에 풀어 대나무젓가락으로 잘 저은 후 소금을 약간 넣어 간을 한다.

4. 풀어 놓은 달걀을 체에 내려 이물질과 거품을 제거한 후 생크림 20g과 썰어 놓은 치즈 절반을 넣고 다시 잘 젓는다.

5. 연기가 날 정도로 오믈렛팬을 충분히 달군 후 식용유를 둘러 코팅한다.

6. 팬에 남은 식용유를 따라 버리고 중간 불의 온도에서 버터를 두르고, 버터가 녹으면 **4**의 달걀물을 붓고 대나무젓가락으로 재빨리 저어 스크램블한다.

7. 달걀이 반숙 정도로 익으면 남은 치즈를 가운데 길게 놓고 대나무젓가락으로 양 끝을 접어 타원형으로 말아 간다.

8. 전체적으로 통통한 럭비공 모양이 되도록 굴려 가면서 속까지 익힌 후 접시에 담아낸다.

▲ 치즈를 0.5cm 크기로 썬다.

▲ 풀어 놓은 달걀을 고운체에 내린다.

▲ 치즈를 넣어 타원형으로 만다.

정보

• 치즈에 소금 간이 진하게 되어 있으므로 달걀에는 간을 약하게 하는 것이 좋다.

• 온도가 너무 높으면 색이 진해지고, 너무 낮으면 달걀이 찢어지기 쉬우므로 불 조절에 주의한다.

• 스크램블한 달걀이 너무 익으면 결이 거친 오믈렛이 나오므로 충분히 저어 부드럽게 적당히 익히도록 한다.

스페니쉬오믈렛
Spanish Omelet

30분

**요구
사항**

주어진 재료를 사용하여 다음과 같이 스페니쉬오믈렛을 만드시오.

1. 토마토, 양파, 청피망, 양송이, 베이컨은 0.5cm의 크기로 썰어 오믈렛 소를 만드시오.

2. 소가 흘러 나오지 않도록 하시오.

3. 소를 넣어 나무젓가락과 팬을 이용하여 **타원형**으로 만드시오.

**유의
사항**

1. 내용물이 고루 들어가고 터지지 않도록 유의한다.

2. 오믈렛을 만들 때 타거나 단단해지지 않도록 한다.

※ 나머지 유의 사항은 40쪽 공통 사항 참고

토마토(중, 150g)	1/4개	**양송이**(1개)	10g	**달걀**	3개
양파(중, 150g)	1/6개	**토마토케첩**	20g	**식용유**	20mL
청피망(중, 75g)	1/6개	**검은 후춧가루**	2g	**버터**(무염)	20g
베이컨(길이 25~30cm)	1/2조각	**소금**(정제염)	5g	**생크림**(동물성)	20mL

만드는 법

1. 주어진 재료가 지급 재료 목록표와 맞는지 확인한다.

2. 달걀은 흰자와 노른자가 고루 섞이도록 볼에 풀어 소금으로 간을 하고 체에 내려 이물질과 거품을 제거한 후 생크림을 넣고 잘 섞는다.

3. 양파와 베이컨, 청피망, 양송이는 모두 0.5cm 정도 크기로 썬다.

4. 토마토는 껍질과 씨를 제거하고 양파와 같은 크기로 썬다.

5. 달군 팬에 식용유를 약간 두르고 베이컨, 양파, 청피망, 양송이, 토마토 순서로 볶다가 토마토케첩을 넣고 신맛이 나지 않을 정도로 볶는다.

6. 5에 물을 1~2큰술 정도 넣고 소금과 검은 후춧가루로 간을 하여 오믈렛 속을 준비한다.

7. 오믈렛팬에 식용유를 둘러 코팅하고 버터를 약간 두른 후 풀어 놓은 달걀물을 넣고 대나무젓가락으로 재빨리 저어 스크램블한다.

8. 달걀이 절반 정도 익으면 6의 오믈렛 속재료를 중심에 길게 넣고 달걀 양 끝을 접어 대나무젓가락으로 밀어 가면서 럭비공 모양을 만든다.

9. 뜨거울 때 모양을 잘 매만져서 접시에 담아낸다.

▲ 오믈렛 속재료를 볶는다.

▲ 달걀을 저어 스크램블한다.

▲ 속을 넣고 럭비공 모양으로 만든다.

정보

• 오믈렛의 모양이 잘 나오지 않았을 경우에는 식기 전에 깨끗한 면포를 오믈렛 위에 덮은 후 손으로 가장자리를 눌러 가면서 매만지면 모양이 잡힌다.

• 속을 너무 많이 넣으면 터져서 지저분하게 되므로 속재료의 양을 조절한다.

베이컨, 레터스, 토마토샌드위치
Bacon, Lettuce, Tomato Sandwich (BLT샌드위치)

⏱ 30분

요구 사항

주어진 재료를 사용하여 다음과 같이 베이컨, 레터스, 토마토샌드위치를 만드시오.

1. 빵은 구워서 사용하시오.

2. 토마토는 0.5cm의 두께로 썰고, 베이컨은 구워서 사용하시오.

3. 완성품은 **4조각**으로 썰어 **전량**을 제출하시오.

유의 사항

1. 베이컨의 굽는 정도와 기름 제거에 유의한다.

2. 샌드위치의 모양이 나빠지지 않도록 썰 때 유의한다.

※ 나머지 유의 사항은 40쪽 공통 사항 참고

식빵(샌드위치용) ·· 3조각
양상추(2잎, 잎상추로 대체 가능) ················· 20g
토마토(중, 150g, 둥근 모양이 되도록 잘라서 지급) ··· 1/2개
베이컨(길이 25~30cm) ······························ 2조각

마요네즈 ·· 30g
소금(정제염) ····································· 3g
검은 후춧가루 ··································· 1g

만드는 법

1. 주어진 재료가 지급 재료 목록표와 맞는지 확인한다.

2. 양상추는 찬물에 담가 싱싱해지도록 준비한다.

3. 식빵은 마른 팬에 앞뒤로 노릇노릇하게 구워 공기가 잘 통하도록 그릇에 기대어 세워 놓는다.

4. 양상추가 싱싱해지면 물에서 꺼내 물기를 제거하고 칼 옆면으로 톡톡 쳐서 평평해지도록 한다.

5. 베이컨은 마른 팬에 바삭하게 구워 키친타월 위에 놓고 기름기를 제거한다.

6. 토마토는 0.5cm 정도 두께의 원형으로 썰어 약간의 소금과 검은 후춧가루로 간을 한다.

7. 식빵 한쪽 면에 마요네즈를 얇게 펴 바르고 그 위에 양상추, 베이컨 순서로 올린 후 양쪽 면에 마요네즈를 바른 식빵으로 덮는다.

8. 7 위에 다시 양상추를 깔고 토마토를 올린 후 마지막 식빵 한쪽 면에 마요네즈를 발라 덮는다.

9. 면포로 식빵을 잘 감싼 후 접시로 살짝 눌러 놓아 모양이 잘 잡히도록 한다.

10. 칼날을 불로 살짝 달군 후 식빵의 네 귀퉁이를 잘라 내고 톱질하듯 칼질하여 4등분해 접시에 담아낸다.

▲ 식빵을 노릇하게 굽는다.

▲ 베이컨을 구워 기름기를 뺀다.

▲ 빵 위에 재료를 차례로 얹는다.

정보

- 주재료의 앞글자인 베이컨의 B, 양상추의 L, 토마토의 T를 합쳐 BLT샌드위치라고도 한다. 식빵과 베이컨, 양상추의 세 가지 재료가 바삭하도록 하는 것이 BLT샌드위치의 특징이다.
- 약한 온도에서 빵을 천천히 구워야 빵 속의 수분이 마르면서 바삭해진다.

햄버거샌드위치
Hamburger Sandwich

🕐 30분

 주어진 재료를 사용하여 다음과 같이 햄버거샌드위치를 만드시오.

1. 빵은 **버터**를 발라 구워서 사용하시오.

2. 고기에 사용되는 **양파**, 샐러리는 **다진 후 볶아서** 사용하시오.

3. 고기는 **미디움 웰던(medium welldone)**으로 굽고, 구워진 고기의 두께는 **1cm**로 하시오.

4. **토마토**, 양파는 **0.5cm** 두께로 썰고, 양상추는 **빵 크기**에 맞추시오.

5. 샌드위치는 **반**으로 잘라 내시오.

1. 구워진 고기가 단단해지거나 부서지지 않도록 한다.

2. 빵에 수분이 흡수되지 않도록 유의한다.

   ▨ 나머지 유의 사항은 40쪽 공통 사항 참고

소고기(살코기, 방심)	100g	**셀러리**	30g	**버터**(무염)	15g
토마토(중, 150g, 둥근 모양이 되도록 잘라서 지급)	1/2개	**소금**(정제염)	3g	**햄버거 빵**	1개
양파(중, 150g)	1개	**검은 후춧가루**	1g	**식용유**	20mL
빵가루(마른 것)	30g	**양상추**(2잎, 잎상추로 대체 가능)	20g	**달걀**	1개

만드는 법

1. 주어진 재료가 지급 재료 목록표와 맞는지 확인한다.

2. 양상추는 찬물에 담가 싱싱해지도록 준비해 놓는다.

3. 햄버거 빵은 가로로 반을 자른 후 자른 면에 버터를 약간 바르고 버터 바른 쪽만 팬에 노릇노릇하게 굽는다.

4. 토마토는 0.5cm 정도 두께의 원형으로 썰어 소금과 검은 후춧가루로 간을 한다. 양파는 토마토와 같은 크기로 둥글게 썰고, 나머지는 섬유질을 제거한 셀러리와 함께 곱게 다져 수분이 마를 정도로 볶아서 식혀 고기 반죽용으로 준비한다.

5. 달걀은 흰자와 노른자가 잘 섞이도록 볼에 풀어 놓는다.

6. 소고기는 핏물을 제거하고 곱게 다져, 볶아 놓은 양파와 셀러리, 빵가루, 소금, 검은 후춧가루를 넣고 달걀 푼 것으로 농도를 조절하며 끈기가 생길 때까지 잘 치대어 반죽한다.

7. 6의 고기 반죽을 도마 위에 놓고 햄버거 빵 크기보다 지름이 1cm 정도 크고 두께가 0.8cm가 되도록 둥글게 햄버거 패티(patty)를 빚는다(익으면 크기와 두께가 변한다).

8. 달군 팬에 식용유를 약간 두르고 햄버거 패티가 연한 갈색이 나도록 속까지 익힌다.

9. 구워 둔 햄버거 빵에 버터를 약간 바르고 물기를 뺀 양상추를 빵 크기에 맞춰 올린 후 햄버거 패티, 둥글게 썬 양파 · 토마토 순서로 얹고 다시 버터 바른 햄버거 빵으로 덮는다.

10. 속재료와 빵이 부서지지 않도록 칼에 힘을 주지 않은 상태에서 톱질하듯 절반으로 썰어 접시에 담아낸다.

▲ 양파와 셀러리를 볶아 수분을 제거한다.

▲ 고기 반죽을 손으로 잘 치댄다.

▲ 햄버거 패티를 빚는다.

정보

• 양파와 토마토를 올리는 순서는 재료의 크기에 따라 바뀌어도 상관없다.

• 샌드위치는 영국의 샌드위치 백작에서 유래한 명칭으로, 빵 사이에 먹을 수 있는 다양한 재료를 넣어 만든 음식이다.

• 햄버거 패티는 익힌 후 크기가 줄고 두께가 약간 두꺼워지므로 처음에 모양을 빚을 때 감안하도록 한다.

스파게티카르보나라
Spaghetti Carbonara

 30분

 요구 사항

주어진 재료를 사용하여 다음과 같이 스파게티카르보나라를 만드시오.

1. 스파게티 면은 al dente(알 덴테)로 삶아서 사용하시오.
2. 파슬리는 다지고 통후추는 곱게 으깨서 사용하시오.
3. 베이컨은 1cm 정도 크기로 썰어, 으깬 통후추와 볶아서 향이 잘 우러나게 하시오.
4. 생크림은 달걀노른자를 이용한 **리에종(liaison)**과 **소스**에 사용하시오.

 유의 사항

1. 크림에 리에종을 넣어 소스 농도를 잘 조절하며, 소스가 분리되지 않도록 한다.
※ 나머지 유의 사항은 40쪽 공통 사항 참고

스파게티 면(건조 면)	80g	**베이컨**(길이 25~30cm)	1조각	**소금**(정제염)	5g
올리브오일	20ml	**달걀**	1개	**검은 통후추**	5개
버터(무염)	20g	**파르메산 치즈가루**	10g	**식용유**	20mL
생크림(동물성)	180ml	**파슬리**(잎, 줄기 포함)	1줄기		

만드는 법

1. 끓는 물에 소금을 넣고 스파게티 면을 펼쳐 8~9분 정도 삶는다.

2. 삶아진 면은 체에 밭쳐 찬물에 헹구지 말고 올리브오일을 골고루 발라 놓는다.

3. 베이컨은 1cm 정도 크기로 썰어 놓는다.

4. 통후추는 칼 옆면으로 누른 후 곱게 으깨 놓는다.

5. 달걀은 노른자만 분리하여 생크림 3큰술을 넣고 잘 저으며 섞어서 리에종(liaison)을 만든다.

6. 파슬리는 잎만 곱게서 다져 면포에 감싸 찬물에 헹군 후 물기를 꼭 짜서 파슬리찹(parsley chop)을 만든다.

7. 팬을 달군 후 버터와 식용유를 두르고 버터가 녹으면 베이컨을 넣고 볶는다. 도중에 으깬 통후추를 넣고 볶는다.

8. 베이컨이 볶아지면 여기에 생크림을 넣고 중불에서 끓인다.

9. 생크림이 끓어오르면 파르메산 치즈 가루를 넣고 2의 스파게티 면을 넣어 소스가 잘 배도록 끓인 후 불을 끈다.

10. 9의 스파게티가 한김 식으면 5의 리에종을 조금씩 나누어 넣으며 골고루 농도가 잘 나도록 저으며 소금으로 간을 하여 완성한다.

11. 10의 스파게티카르보나라를 접시에 보기 좋게 담은 후 으깬 통후추가루와 파슬리찹을 뿌려낸다.

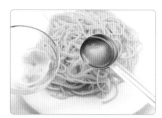
▲ 삶은 면에 올리브오일을 바른다.

▲ 달걀노른자에 생크림을 넣어 리에종을 만든다.

▲ 끓는 소스에 스파게티 면을 넣는다.

• 카르보나라는 원래 석탄이라는 뜻의 이탈리아어로 광부들이 캄캄한 굴속에서 작업을 하는 도중 흰색의 소스로 버무린 파스타에 소금에 절인 햄을 곁들여 먹은 데서 유래되었다.

• 리에종은 소스나 수프의 농도를 내기 위하여 사용되는 재료를 말하며 여기서는 달걀노른자가 카르보나라 소스의 걸쭉한 농도를 만들어 주어 면에 소스가 잘 밀착되도록 해 주는 역할을 한다. 온도가 높으면 달걀노른자가 익으므로 소스가 한김 식은 후에 천천히 첨가하는 것이 좋다.

토마토소스해산물스파게티
Seafood Spaghetti Tomato Sauce

⏱ **35분**

**요구
사항**

주어진 재료를 사용하여 다음과 같이 **토마토소스해산물스파게티**를 만드시오.

1. 스파게티 면은 **al dente(알 덴테)**로 삶아서 사용하시오.
2. 조개는 껍질째, 새우는 껍질을 벗겨 내장을 제거하고, 관자살은 편으로 썰고, 오징어는 **0.8×5cm** 크기로 썰어 사용하시오.
3. 해산물은 화이트와인을 사용하여 조리하고, 마늘과 양파는 해산물 조리와 토마토소스 조리에 나누어 사용하시오.
4. 바질을 넣은 **토마토소스**를 만들어 사용하시오.
5. 스파게티는 토마토소스에 버무리고 다진 파슬리와 슬라이스 한 바질을 넣어 완성하시오.

**유의
사항**

1. 토마토소스는 자작한 농도로 만들어야 한다.
2. 스파게티는 토마토소스와 잘 어우러지도록 한다.
  ※ 나머지 유의 사항은 40쪽 공통 사항 참고

74   양식 조리 기능사 실기

스파게티 면(건조 면) ········ 70g	**방울토마토**(붉은색) ········ 2개	**토마토 캔**(홀 필드, 국물 포함) ········ 300g
마늘 ········ 3쪽	**올리브오일** ········ 40ml	**모시조개**(지름 3cm, 바지락 대체 가능) ········ 3개
양파(중, 150g) ········ 1/2개	**화이트와인** ········ 20ml	**관자살**(50g, 작은 관자 3개) ········ 1개
바질(신선한 것) ········ 4잎	**소금** ········ 5g	**새우**(껍질 있는 것) ········ 3마리
파슬리(잎, 줄기 포함) ········ 1줄기	**흰 후춧가루** ········ 5g	**오징어**(몸통) ····· 50g **식용유** ······ 20ml

만드는 법

1. 스파게티 면은 끓는 물에 소금을 넣고 8~9분 정도 삶은 후(알 덴테) 체에 물기를 받치고 올리브오일을 골고루 넉넉히 묻혀서 펼쳐 놓는다.

2. 방울토마토는 꼭지를 떼고 열십자로 칼집을 넣어 끓는 물에 데친 후 찬물에 식혀서 껍질을 벗기고 2등분한다.

3. 새우는 머리를 제거하고 내장을 뺀 후 꼬리 윗마디까지 껍질을 남기고 나머지 껍질을 벗긴다.

4. 모시조개는 소금물에 담가 해감한 후 씻어 물기를 빼 놓는다.

5. 오징어는 통으로 내장을 뺀 후 껍질을 벗기고 링 모양을 살려 썰어 놓는다.

6. 관자살은 가장자리의 막을 벗겨내고 둥근 모양을 살려 2~3등분한다.

7. 토마토 캔은 잘게 다져 준비하고 마늘과 양파도 각각 다진다.

8. 바질잎은 채를 썰고 파슬리는 잎만 곱게 다져서 물에 헹군 후 물기를 꼭 짜 파슬리찹을 준비한다.

9. 팬을 달궈 식용유를 두르고 다진 마늘의 절반 분량을 볶다가 양파를 넣어 볶는다. 여기에 다진 토마토 캔을 넣고 볶다가 채를 썬 바질을 절반 분량 넣고 졸이면서 소금, 흰 후춧가루를 넣어 토마토소스를 만든다.

10. 다시 팬을 달궈 올리브오일을 두르고 남은 마늘을 넣어 볶다가 준비된 해물을 넣고 소금과 흰 후추로 간을 하여 볶는다. 도중에 화이트와인을 넣어 비린 맛을 잡아준다.

11. 여기에 9의 토마토소스와 2의 방울토마토를 넣고 한소끔 끓인 후 준비된 스파게티 면을 넣고 면과 소스가 어우러지도록 볶아 마무리한다.

12. 그릇에 면과 해산물, 소스가 잘 어우러지도록 담은 후 남은 바질과 파슬리찹을 뿌려낸다.

▲ 끓는 물에 스파게티면을 펼쳐 넣고 삶는다.

▲ 캔토마토를 잘게 다져 토마토소스를 준비한다.

▲ 해산물을 볶다가 와인을 넣는다.

정보

- al dente(알 덴테)는 면을 바늘 끝 정도의 심이 남는 상태로 삶는 것으로, 보통 끓는 물에 8~9분 정도 삶으면 알 덴테 상태가 된다.
- 삶은 면은 찬물에 헹구게 되면 면의 표면이 매끄러워져 소스가 잘 배지 않으므로 헹구지 않고 그대로 식히는 것이 좋으며 면끼리 달라 붙는 것을 방지하기 위해 올리브오일을 넉넉히 발라놓는다.

프렌치프라이드쉬림프
French Fried Shrimp

⏱ 25분

**요구
사항**

주어진 재료를 사용하여 다음과 같이 프렌치프라이드쉬림프를 만드시오.
1. 새우는 꼬리 쪽에서 **1마디** 정도 껍질을 남겨 구부러지지 않게 튀기시오.
2. 달걀흰자를 분리하여 **거품**을 내어 튀김반죽에 사용하시오.
3. 새우튀김은 **4개**를 제출하시오.
4. 레몬과 파슬리를 곁들이시오.

**유의
사항**

1. 새우는 꼬리 쪽에서 1마디 정도만 껍질을 남긴다.
2. 튀김 반죽에 유의하고, 튀김의 색깔이 깨끗하게 한다.
   ※ 나머지 유의 사항은 40쪽 공통 사항 참고

새우(50~60g) ············· 4마리	**밀가루**(중력분) ············· 80g	**흰 후춧가루** ············· 2g
레몬(길이(장축)로 등분) ····· 1/6개	**흰설탕** ················· 2g	**식용유** ············· 500mL
냅킨(흰색, 기름 제거용) ···· 2장	**달걀** ··················· 1개	**이쑤시개** ············· 1개
파슬리(잎, 줄기 포함) ······ 1줄기	**소금**(정제염) ············· 2g	

만드는 법

1. 주어진 재료가 지급 재료 목록표와 맞는지 확인한다.

2. 파슬리는 깨끗이 씻어 싱싱해지도록 찬물에 담가 두고, 밀가루는 체에 내려 준비한다.

3. 새우는 이쑤시개로 등 쪽의 내장을 빼고 머리를 자른 다음, 깨끗이 씻어 꼬리의 윗부분 1마디만 남기고 나머지 껍질을 벗긴 후 꼬리의 물주머니를 제거한다.

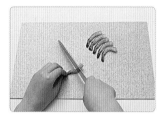

▲ 새우의 배에 칼집을 넣는다.

4. 손질한 새우의 배 쪽에 절반가량의 깊이로 칼집을 3~4번 넣고 소금과 흰 후춧가루를 뿌려 밑간해 둔다.

5. 달걀은 흰자와 노른자를 분리하여, 노른자에는 체에 내린 밀가루 3큰술과 백설탕 1작은술, 소금 약간, 물 1큰술을 넣어 덩어리가 없도록 잘 저어 주고, 흰자는 거꾸로 들어 보아 쏟아지지 않을 정도로 거품을 낸다.

▲ 노른자 반죽에 거품 낸 흰자를 넣고 섞는다.

6. 노른자 반죽에 거품을 낸 흰자를 절반 정도 넣고 골고루 잘 섞어 튀김 반죽을 만든다. 이때 반죽의 농도가 너무 질지 않도록 한다.

7. 밑간해 둔 새우는 꼬리를 제외한 나머지 부분에 밀가루를 살짝 묻힌 후 여분의 가루는 털어낸다.

8. 7의 새우에 튀김 반죽을 고루 묻힌 후 팬에 식용유를 넉넉히 붓고 달궈 연한 갈색이 나도록 튀겨 낸다.

▲ 식용유에 튀김 반죽을 묻힌 새우를 넣고 튀긴다.

9. 튀긴 새우는 냅킨에 올려 기름기를 제거한 후 꼬리를 가운데로 모아 접시에 담고, 물기를 제거한 파슬리와 레몬으로 장식한다.

정보

• 튀김 반죽에 달걀흰자가 너무 많이 들어가면 새우를 튀긴 후 반죽이 가라앉아 보기에 좋지 않게 된다.
• 튀김 반죽을 너무 일찍 만들어 놓으면 달걀흰자의 거품이 꺼져서 튀길 때 부풀지 않으므로 주의한다.

치킨알라킹
Chicken A'la King

⏱ **30분**

**요구
사항**

주어진 재료를 사용하여 다음과 같이 치킨알라킹을 만드시오.

1. 완성된 닭고기와 채소, 버섯의 크기는 1.8×1.8cm로 균일하게 하시오.

2. 닭뼈를 이용하여 **치킨육수**를 만들어 사용하시오.

3. 화이트 루(roux)를 이용하여 **베샤멜소스**를 만들어 사용하시오.

**유의
사항**

1. 소스의 색깔과 농도에 유의한다.

※ 나머지 유의 사항은 40쪽 공통 사항 참고

닭다리(한 마리 1.2kg, 허벅지살 포함, 1/2마리 지급 가능) ····· 1개
청피망(중, 75g) ··· 1/4개
홍피망(중, 75g) ··· 1/6개
양파(중, 150g) ··· 1/6개
생크림(동물성) ··· 20mL

양송이(2개) ··· 20g
버터(무염) ·· 20g
밀가루(중력분) ··· 15g
우유 ··· 150mL
정향 ··· 1개

소금(정제염) ··· 2g
흰 후춧가루 ··· 2g
월계수잎 ··· 1잎

만드는 법

1. 주어진 재료가 지급 재료 목록표와 맞는지 확인한다.

2. 닭다리는 깨끗이 씻은 후 살만 발라내 껍질과 지방을 제거해 두고, 뼈는 약간의 양파 조각과 월계수잎, 정향을 넣고 끓여 치킨육수를 만든다.

3. 닭고기는 익으면 줄어드는 점을 감안하여 2.5cm 정도 크기로 잘라 준비하여 끓는 치킨육수에 삶아 면포에 거른다. 통째로 삶은 후 1.8×1.8cm 크기로 썰어도 좋다.

4. 양송이는 겉껍질을 벗겨 손질하고, 청·홍피망은 씨를 깨끗이 제거한다.

5. 양파와 양송이, 청·홍피망은 1.8cm 크기의 사각형으로 썰어 버터를 두른 팬에서 각각 살짝 볶아 낸다.

6. 3에서 삶아 놓은 닭다리살도 버터에 살짝 볶아 놓는다.

7. 면포에 거른 치킨육수를 6에 조금씩 넣어 가며 멍울이 없도록 완전히 풀어 베샤멜소스를 만든 후 볶아 놓은 채소와 닭고기를 넣어 농도가 나도록 끓인다.

8. 마지막에 우유와 생크림을 넣고 잠시 더 끓이다가 소금과 흰 후춧가루로 간을 한 후 접시에 담아낸다.

▲ 닭고기를 삶아 면포에 거른다.

▲ 양송이의 겉껍질을 벗긴다.

▲ 손질한 채소를 각각 볶는다.

정보

• 홍피망의 경우 빨간 즙이 우러나와 소스의 색이 빨갛게 물드는 경우가 있으므로, 썬 다음에는 물에 잘 씻어서 준비한다.
• 약한 불에서 밀가루 냄새가 나지 않을 정도로 잠깐 볶아야 깨끗한 화이트 루를 만들 수 있다.
• 화이트 루로 농도를 낸 흰색 소스를 영어로는 화이트소스(white sauce), 프랑스어로는 베샤멜소스(béchamel sauce)라고 한다.

치킨커틀릿
Chicken Cutlet

⏱ 30분

 요구사항

주어진 재료를 사용하여 다음과 같이 치킨커틀릿을 만드시오.

1. 닭은 **껍질째** 사용하시오.
2. 완성된 커틀릿의 색에 유의하고 두께는 **1cm**로 하시오.
3. 딥팻프라이(deep fat frying)로 하시오.

 유의사항

1. 닭고기 모양에 유의한다.
※ 나머지 유의 사항은 40쪽 공통 사항 참고

닭다리(한 마리 1.2kg, 허벅지살 포함, 1/2마리 지급 가능) ⋯⋯ 1개 **밀가루**(중력분) ⋯⋯⋯⋯ 30g **검은 후춧가루** ⋯⋯⋯⋯⋯ 2g
달걀 ⋯⋯⋯⋯⋯⋯⋯⋯⋯⋯⋯⋯⋯⋯⋯⋯⋯⋯⋯⋯⋯⋯⋯⋯ 1개 **빵가루**(마른 것) ⋯⋯⋯⋯ 50g **식용유** ⋯⋯⋯⋯⋯⋯⋯ 500mL
냅킨(흰색, 기름 제거용) ⋯⋯⋯⋯⋯⋯⋯⋯⋯⋯⋯⋯⋯⋯⋯ 2장 **소금**(정제염) ⋯⋯⋯⋯⋯ 2g

만드는 법

1. 주어진 재료가 지급 재료 목록표와 맞는지 확인한다.

2. 닭다리는 뼈에 칼금을 넣어 가며 살을 발라내고, 껍질은 그대로 둔 채 기름기와 힘줄을 제거한다.

3. 닭고기의 두꺼운 부분은 얇게 저며 펼치고 잔칼집을 골고루 넣어 두께 1cm 정도로 손질한 후 가장자리의 지저분한 부분을 정리하고 소금과 검은 후춧가루를 골고루 뿌려 밑간한다.

4. 마른 빵가루는 약간의 물을 살짝 뿌려 부드럽게 준비한다.

5. 달걀은 흰자와 노른자가 고루 섞이도록 잘 풀어 놓는다.

6. 손질한 닭고기에 밀가루를 고루 묻힌 후 여분의 가루는 털어 내고 달걀 푼 것, 빵가루 순서로 튀김옷을 입힌다. 이때 빵가루가 눌리지 않도록 주의한다.

7. 팬에 식용유를 붓고 170℃ 정도의 온도로 달군 후 닭고기의 껍질 부위부터 넣고 튀긴다. 황금빛이 날 정도가 되면 뒤집어서 반대쪽을 튀긴 후 냅킨 위에 올려 기름기를 제거하고 접시에 담아낸다.

▲ 닭뼈에서 살을 발라낸다.

▲ 닭고기에 잔칼집을 넣는다.

▲ 손질한 닭고기에 튀김옷을 입힌다.

• 잔칼집을 충분히 넣어 주어야 튀길 때 닭이 많이 오그라들지 않는다.
• 튀긴 닭은 기름에서 꺼낸 후에도 남아 있는 열 때문에 색이 조금 더 진해지므로 유의한다.

바비큐폭찹
Barbecued Pork Chop

⏱ **40분**

 주어진 재료를 사용하여 다음과 같이 바비큐폭찹을 만드시오.

1. 고기는 **뼈**가 붙은 채로 사용하고, 고기의 두께는 **1cm**로 하시오.

2. 양파, 셀러리, 마늘은 다져서 **소스**로 만드시오.

3. 완성된 소스는 **농도**에 유의하고 윤기가 나도록 하시오.

 1. 재료의 익히는 순서를 고려하여 끓인다.

※ 나머지 유의 사항은 40쪽 공통 사항 참고

돼지갈비(살 두께 5cm 이상, 뼈를 포함한 길이 10cm)	200g	**토마토케첩**	30g	**핫소스**	5mL
레몬(길이(장축)로 등분)	1/6개	**우스터소스**	5mL	**버터**(무염)	10g
비프스톡(육수. 물로 대체 가능)	200mL	**황설탕**	10g	**식초**	10mL
양파(중, 150g)	1/4개	**소금**(정제염)	2g	**월계수잎**	1잎
밀가루(중력분)	10g	**검은 후춧가루**	2g	**식용유**	30mL
마늘(중, 깐 것)	1쪽	**셀러리**	30g		

만드는 법

1. 주어진 재료가 지급 재료 목록표와 맞는지 확인한다.

2. 돼지갈비는 찬물에 담가 핏물을 뺀 후 물기를 제거하고 기름기를 떼어 낸 다음, 뼈가 붙은 상태에서 살을 1cm 두께로 펼쳐서 잔칼 집을 넣는다.

3. 손질한 돼지갈비는 소금, 검은 후춧가루로 밑간을 한 후 밀가루를 앞뒤로 골고루 묻히고 여분의 가루는 털어 낸다.

▲ 갈비뼈에 붙은 살을 펼친다.

4. 양파는 0.4cm 정도 크기로 약간 거칠게 다지고, 마늘과 셀러리도 껍질을 벗겨 양파와 같은 크기로 다진다.

5. 레몬은 즙을 짤 수 있도록 가운데 부분의 섬유질을 제거해 둔다.

6. 팬을 달궈 식용유를 두르고 밀가루 묻힌 돼지갈비를 앞뒤로 노릇노릇하게 지진다.

▲ 밀가루 묻힌 갈비를 팬에 지진다.

7. 냄비에 버터를 넣고 다진 마늘과 양파, 셀러리를 볶다가 토마토케첩을 넣고 신맛이 제거될 정도로 볶는다.

8. 7에 비프스톡(또는 물)을 붓고 황설탕, 우스터소스, 핫소스를 넣어 소스가 끓으면 지져 낸 돼지갈비와 월계수잎을 넣고 끓인다.

9. 국물이 줄어 농도가 걸쭉해지면 월계수잎을 건져 내고 식초, 레몬즙, 소금, 검은 후춧가루로 간을 한 후 접시에 담고 소스를 끼얹어 낸다.

▲ 소스가 끓으면 갈비를 넣는다.

정보

• 고기에 갈비뼈가 붙어 있도록 하고, 완성품을 담을 때는 뼈가 오른쪽으로 오도록 한다.

• 갈비 대신 등심이 나올 경우 적당한 두께로 포를 떠서 손질한다.

• 고기를 지질 때 너무 약한 불에서 익히면 고기의 육즙이 빠지면서 색이 좋지 않게 되므로 팬을 충분히 달군 후 센 불에서 단시간에 지진다.

비프스튜
Beef Stew

⏱ **40분**

 주어진 재료를 사용하여 다음과 같이 비프스튜를 만드시오.

1. 완성된 소고기와 채소의 크기는 **1.8cm의 정육면체**로 하시오.

2. 브라운 루(brown roux)를 만들어 사용하시오.

3. **파슬리 다진 것**을 뿌려 내시오.

 1. 소스의 농도와 분량에 유의한다.

2. 고기와 채소는 형태를 유지하면서 익히는 데 유의한다.

  ※ 나머지 유의 사항은 40쪽 공통 사항 참고

소고기(살코기, 덩어리)	100g	**감자**(150g)	1/3개	**소금**(정제염)	2g
당근(둥근 모양이 유지되게 등분)	70g	**마늘**(중, 깐 것)	1쪽	**검은 후춧가루**	2g
파슬리(잎, 줄기 포함)	1줄기	**토마토 페이스트**	20g	**월계수잎**	1잎
양파(중, 150g)	1/4개	**밀가루**(중력분)	25g	**정향**	1개
셀러리	30g	**버터**(무염)	30g		

만드는 법

1. 주어진 재료가 지급 재료 목록표와 맞는지 확인한다.

2. 소고기는 핏물을 제거하고 익은 후 줄어드는 점을 감안하여 2.5cm 크기의 정육면체로 썰어 소금과 검은 후춧가루로 밑간해 놓는다.

3. 마늘은 다지고, 파슬리는 줄기 부분은 떼어 두고 잎 부분만 곱게 다져 면포에 감싸 물에 헹궈 물기를 꼭 짜서 파슬리가루를 만든다.

▲ 브라운 루를 만든다.

4. 양파는 1.8cm 정도 크기로 썰고, 당근과 감자, 셀러리는 껍질을 벗기고 1.8cm 정도의 정육면체로 썬다. 당근과 감자의 모서리 부분을 살짝 도려내고 감자는 물에 담가 갈변을 방지한다.

5. 냄비를 달궈 버터를 두르고 밀가루를 중간 불에서 갈색이 날 때까지 볶아 브라운 루를 만든다.

6. 냄비를 깨끗이 씻어 물기를 제거한 후 버터를 두르고 양파와 셀러리, 당근, 감자를 살짝 볶아 꺼내고 소고기를 볶는다. 여기에 다진 마늘과 토마토 페이스트를 넣어 페이스트가 보송보송하게 분리될 때까지 나무주걱으로 냄비 바닥을 긁어 가며 볶는다.

▲ 고기와 토마토 페이스트를 볶는다.

7. 6에 물 2~2.5컵을 넣고 끓으면 볶은 채소와 부케가르니(파슬리 줄기, 월계수잎, 정향)를 넣어 뚜껑을 연 채로 천천히 끓이다가 국물이 반 정도로 줄면 브라운 루를 넣어 농도를 맞춘다.

8. 마지막으로 소금과 검은 후춧가루로 간을 하고 부케가르니를 꺼낸 후 그릇에 담고 파슬리가루를 뿌린다.

▲ 볶아 놓은 채소를 넣고 끓인다.

• 토마토 페이스트를 볶을 때 냄비에 눌어 붙으면 물을 1큰술씩 넣어 가며 냄비 바닥을 나무주걱으로 긁어 가면서 타지 않게 볶아야 색이 곱다.

• 수프보다 조금 되직한 농도로 맞추어 낸다.

살리스버리스테이크
Salisbury Steak

⏱ **40분**

 요구 사항

주어진 재료를 사용하여 다음과 같이 살리스버리스테이크를 만드시오.

1. 살리스버리스테이크는 **타원형**으로 만들어 고기의 앞, 뒤의 색을 **갈색**으로 구우시오.
2. 더운 채소(당근, 감자, 시금치)를 **각각 모양 있게** 만들어 곁들여 내시오.

 유의 사항

1. 고기가 타지 않도록 하며, 구워진 고기가 단단해지지 않도록 유의한다(곁들이는 소스는 생략한다).
2. 주어진 조미 재료를 활용하여 더운 채소의 요리법(색, 모양 등)에 유의한다.
   ※ 나머지 유의 사항은 40쪽 공통 사항 참고

소고기(살코기, 갈은 것)	130g	**달걀**	1개	**시금치**	70g
당근(둥근 모양이 유지되게 등분)	70g	**우유**	10mL	**흰설탕**	25g
양파(중, 150g)	1/6개	**소금**(정제염)	2g	**버터**(무염)	50g
감자(150g)	1/2개	**검은 후춧가루**	2g		
빵가루(마른 것)	20g	**식용유**	150mL		

만드는 법

1. 주어진 재료가 지급 재료 목록표와 맞는지 확인한다.

2. 소고기 간 것은 키친타월로 감싸 물기를 제거한다.

3. 양파는 곱게 다진 후 팬에 식용유를 조금 두르고 수분이 제거될 정도로 살짝 볶아 식힌다(이때 시금치 볶을 때 사용할 양을 볶지 않고 조금 남겨 둔다).

4. 달걀은 흰자와 노른자가 고루 섞이도록 잘 풀어 놓는다.

5. 볶은 양파, 빵가루, 우유를 소고기에 넣고 소금과 검은 후춧가루로 간을 한 후 달걀 푼 것으로 농도를 맞춰 가며 손으로 힘껏 치대 반죽하여 두께 1.5cm 정도의 타원형으로 모양을 빚는다(완성 시 2cm 두께).

6. 감자는 껍질을 벗긴 후 두께 0.7cm, 길이 5cm 정도의 스틱 모양으로 썰어 끓는 물에 소금을 넣고 반 정도 익도록 삶아 물기를 제거한 후 170℃의 식용유에 연한 갈색이 나도록 튀겨 소금을 살짝 뿌린다.

7. 당근은 두께 0.5cm, 지름 4cm 정도의 원형으로 썰어 가장자리를 비행접시 모양으로 돌려 깎아 다듬은 후 물에 삶아 익으면 물을 버리고 백설탕, 소금, 버터를 약간씩 넣어 윤기 나게 바짝 조린다.

8. 시금치는 뿌리를 제거하고 끓는 물에 소금을 넣고 살짝 데쳐 물기를 꼭 짠 후 5cm 정도 길이로 썰어, 팬에 버터를 살짝 녹여 남겨 둔 다진 양파와 함께 살짝 볶다가 소금, 검은 후춧가루로 간한다.

9. 팬을 달궈 뜨거워지면 버터와 식용유를 두르고 타원형으로 빚은 소고기 반죽을 갈색이 나도록 앞뒤로 지진 후 불을 약하게 줄여 속까지 완전히 익힌다.

10. 접시에 감자, 당근, 시금치를 가지런히 모아 담고 스테이크를 가운데 담아낸다.

▲ 다진 양파를 볶는다.

▲ 삶은 감자를 기름에 튀긴다.

▲ 팬을 달궈 고기 반죽을 지진다.

정보

• 스테이크 반죽의 농도가 너무 되면 갈라져 모양이 좋지 않으므로 부드럽게 조절하는 것이 좋다.

서로인스테이크
Sirloin Steak

30분

 **요구
사항**

주어진 재료를 사용하여 다음과 같이 서로인스테이크를 만드시오.

1. 스테이크는 **미디엄(medium)**으로 구우시오.

2. 더운 채소(당근, 감자, 시금치)를 **각각 모양 있게** 만들어 곁들여 내시오.

 **유의
사항**

1. 스테이크의 색에 유의한다(곁들이는 소스는 생략한다).

2. 주어진 조미 재료를 활용하여 더운 채소의 요리법(색, 모양 등)에 유의한다.

▨ 나머지 유의 사항은 40쪽 공통 사항 참고

소고기(등심, 덩어리)	200g	**시금치**	70g
감자(150g)	1/2개	**소금**(정제염)	2g
당근(둥근 모양이 유지되게 등분)	70g	**식용유**	150mL
양파(중, 150g)	1/6개	**버터**(무염)	50g
검은 후춧가루	1g	**흰설탕**	25g

만드는 법

1. 주어진 재료가 지급 재료 목록표와 맞는지 확인한다.

2. 소고기는 힘줄과 지방을 제거하고 가장자리를 보기 좋게 다듬은 후 앞뒤로 잔칼집을 넣어 소금과 검은 후춧가루로 밑간을 한 다음, 약간의 식용유를 고기 표면에 발라 수분의 증발을 방지한다.

3. 양파는 곱게 다져 둔다.

▲ 소고기에 소금과 검은 후춧가루로 밑간을 한다.

4. 감자는 껍질을 벗긴 후 두께 0.7cm, 길이 5cm 정도의 스틱 모양으로 썰어 끓는 물에 소금을 넣고 반 정도 익도록 삶아 물기를 제거한 후 170℃의 식용유에 연한 갈색이 나도록 튀겨 소금을 살짝 뿌린다.

5. 당근은 두께 0.5cm, 지름 4cm 정도의 원형으로 썰어 가장자리를 비행접시 모양으로 돌려 깎아 다듬은 후 물에 삶아 익으면 물을 버리고 백설탕, 소금, 버터를 약간씩 넣어 윤기 나게 바짝 조린다.

▲ 당근을 윤기 나게 바짝 조린다.

6. 시금치는 뿌리를 제거하고 끓는 물에 소금을 넣고 살짝 데쳐 물기를 꼭 짠 후 5cm 정도 길이로 썰어, 팬에 버터를 살짝 녹여 다진 양파와 함께 살짝 볶다가 소금, 검은 후춧가루로 간한다.

7. 팬을 뜨겁게 달궈 버터와 식용유를 절반씩 두르고 손질한 고기를 넣어 한쪽 면이 충분히 색깔이 나면 불을 중간 불로 줄이고 뒤집어 미디엄으로 절반가량 익혀 낸다.

8. 접시에 감자, 당근, 시금치를 보기 좋게 모아 담고 스테이크를 중심에 담아낸다.

▲ 준비된 접시에 채소와 스테이크를 담는다.

정보

- 고기가 완전히 익은 상태를 웰던(well-done), 반 정도 익은 상태를 미디엄(medium), 겉면만 살짝 익은 상태를 레어(rare)라고 한다.
- 고기는 센 불에서 단시간 익혀야 알맞은 색의 미디엄 상태로 익힐 수 있다. 그러므로 겉면이 타지 않도록 온도를 잘 조절한다.
- 쇠고기 등심(loin)에 경의를 표하는 존칭(sir)을 붙여 sirloin steak라는 이름이 생겼다.

브라운그레이비소스
Brown Gravy Sauce

🕐 30분

 요구사항

주어진 재료를 사용하여 다음과 같이 브라운그레이비소스를 만드시오.

1. 브라운 루(brown roux)를 만들어 사용하시오.

2. 채소와 토마토 페이스트를 볶아서 사용하시오.

3. 소스의 양은 200mL 이상 제출하시오.

 유의사항

1. 브라운 루가 타지 않도록 한다.

2. 소스의 농도에 유의한다.

※ 나머지 유의 사항은 40쪽 공통 사항 참고

밀가루(중력분)	20g	**검은 후춧가루**	1g	**토마토 페이스트**	30g
브라운스톡(물로 대체 가능)	300mL	**버터**(무염)	30g	**월계수잎**	1잎
당근(둥근 모양이 유지되게 등분)	40g	**양파**(중, 150g)	1/6개	**정향**	1개
소금(정제염)	2g	**셀러리**	20g		

만드는 법

1. 주어진 재료가 지급 재료 목록표와 맞는지 확인한다.

2. 양파와 당근, 셀러리는 0.4cm 정도 두께로 채 썬 후 프라이팬에 버터를 두르고 갈색이 나도록 서서히 볶는다.

3. 냄비에 버터를 두르고 녹으면 밀가루를 넣고 중간 불에서 초콜릿색이 날 정도로 볶아 브라운 루를 만든다.

4. 3에 토마토 페이스트를 넣고 타지 않도록 나무주걱으로 냄비 바닥을 긁어가며 볶다가 브라운스톡(또는 물)을 붓는다.

5. 여기에 2의 볶아놓은 재료와 월계수잎, 정향을 넣어 냄비 뚜껑을 연 채 끓이다가 도중에 올라오는 거품을 걷어낸다.

6. 양이 절반 정도로 줄면 고운체에 걸러 건더기는 버리고 체 밑으로 빠져나온 소스는 다시 냄비에 넣어 알맞은 농도로 졸인 후 소금과 검은 후춧가루로 간을 하여 담아낸다.

▲ 양파, 당근, 셀러리를 볶는다.

▲ 브라운 루를 볶는다.

▲ 소스를 체에 거른다.

정보

- 그레이비소스(gravy sauce)는 원래 스테이크를 구운 후 프라이팬에 남은 고기의 육즙을 사용하여 만든 소스로, 그레이비는 '육즙'을 뜻한다.
- 토마토 페이스트를 볶을 때 냄비 바닥에 눌은 페이스트를 나무주걱으로 긁어 가면서 한참을 볶아야 진한 갈색의 소스를 만들 수 있다.

홀랜다이즈소스
Hollandaise Sauce

 요구 사항 주어진 재료를 사용하여 다음과 같이 홀랜다이즈소스를 만드시오.

1. 양파, 식초를 이용하여 **허브에센스**를 만들어 사용하시오.

2. 정제 버터를 만들어 사용하시오.

3. 소스는 **중탕**으로 만들어 굳지 않게 그릇에 담아내시오.

4. 소스는 100mL **이상** 제출하시오.

 유의 사항 1. 소스의 농도에 유의한다.

※ 나머지 유의 사항은 40쪽 공통 사항 참고

달걀	2개	**검은 통후추**	3개
양파(중, 150g)	1/8개	**버터**(무염)	200g
레몬(길이(장축)로 등분)	1/4개	**월계수잎**	1잎
파슬리(잎, 줄기 포함)	1줄기	**소금**(정제염)	2g
식초	20mL	**흰 후춧가루**	1g

만드는 법

1. 주어진 재료가 지급 재료 목록표와 맞는지 확인한다.

2. 양파는 잘게 다지고, 검은 통후추는 칼 옆면으로 눌러 으깬다.

3. 레몬은 즙을 짤 수 있도록 가운데 부분의 섬유질을 제거해 둔다.

4. 다진 양파, 으깬 검은 통후추, 파슬리, 월계수잎, 식초, 물 1/2컵 정도를 냄비에 넣고 뚜껑을 연 채로 은근히 졸여 2큰술 정도가 되면 면포에 걸러 허브에센스를 만든다.

▲ 허브에센스를 만든다.

5. 버터는 그릇에 담아 그릇째 끓는 물속에 넣어 중탕하여 녹이고 버터 위로 떠오르는 거품을 걷어 내 정제 버터를 만든다.

6. 달걀은 노른자만 분리해 놓는다(흰자는 사용하지 않는다).

7. 냄비에 물을 붓고 뜨거워지면 불을 약하게 줄인 후 그 위에 우묵한 스테인리스 볼을 올리고 달걀노른자와 약간의 허브에센스를 넣어 거품기로 거품을 내서 걸쭉하게 농도가 나기 시작하면 5에서 준비한 정제 버터를 조금씩 넣어 가며 한쪽 방향으로 저어 준다. 농도가 되직해지면 남은 허브에센스를 조금씩 넣어 가며 젓는다.

▲ 버터를 중탕하여 녹인다.

8. 정제 버터를 다 넣고 농도가 나면 레몬즙을 짜 넣고 소금과 흰 후춧가루로 간하여 그릇에 담아낸다.

▲ 정제 버터를 조금씩 넣어 가며 소스를 만든다.

정보

- 중탕을 하면서 소스를 만들 때 불이 너무 세면 달걀이 완전히 익게 되므로 온도 조절에 유의한다.
- 따뜻한 온도를 계속 유지하여야만 소스가 굳지 않고 적당히 부드러운 농도를 유지할 수 있다.
- 홀랜다이즈소스는 네덜란드의 전통 소스로 생선이나 익힌 채소에 곁들인다.
- 원래 허브에센스는 타라곤(tarragon)으로 만들지만 시험에서는 월계수잎과 파슬리로 대신한다.

이탈리안미트소스
Italian Meat Sauce

⏱ 30분

요구 사항

주어진 재료를 사용하여 다음과 같이 이탈리안미트소스를 만드시오.

1. 모든 재료는 다져서 사용하시오.

2. 그릇에 담고 **파슬리 다진 것**을 뿌려 내시오.

3. 소스는 150mL 이상 제출하시오.

유의 사항

1. 소스의 농도에 유의한다.

※ 나머지 유의 사항은 40쪽 공통 사항 참고

양파(중, 150g)	1/2개	**마늘**	1쪽	**소금**(정제염)	2g
소고기(살코기, 갈은 것)	60g	**버터**(무염)	10g	**검은 후춧가루**	2g
파슬리(잎, 줄기 포함)	1줄기	**토마토 페이스트**	30g	**셀러리**	30g
캔 토마토(고형물)	30g	**월계수잎**	1잎		

만드는 법

1. 주어진 재료가 지급 재료 목록표와 맞는지 확인한다.

2. 소고기 간 것은 키친타월로 감싸 물기를 제거한 후 잘게 다진다.

3. 캔 토마토는 남아 있는 껍질을 벗겨 내고 안에 있는 씨를 긁어 낸 후 잘게 다진다.

4. 마늘은 곱게 다진다.

5. 셀러리와 양파는 0.3cm 정도 크기로 잘게 다진다.

6. 파슬리는 잎 부분을 곱게 다져 면포에 감싸 물에 헹군 후 물기를 꼭 짜서 파슬리가루를 만든다.

7. 냄비에 버터를 두르고 달궈지면 마늘을 넣고 볶다가 소고기를 넣고 나무주걱으로 저어 가며 볶는다.

8. 7에 양파와 셀러리를 넣고 볶다가 캔 토마토와 토마토 페이스트를 넣고 중간 불에서 한참 볶는다. 이때 바닥이 눋지 않도록 도중에 물을 조금씩 넣고 바닥을 긁어 가며 볶는다.

9. 8에 물을 1.5~2컵 정도 붓고 월계수잎을 넣어 끓이면서 도중에 떠오르는 거품을 제거한다.

10. 소스가 걸쭉해지면 월계수잎을 건져 내고 소금과 검은 후춧가루로 간을 해서 그릇에 담고 파슬리가루를 살짝 뿌려 낸다.

▲ 각각의 재료를 다진다.

▲ 파슬리를 다져 물에 헹군다.

▲ 냄비에 재료를 차례로 넣어 볶는다.

정보

• 이탈리안미트소스는 이탈리아 스파게티에 곁들이는 대표적인 소스이다.

• 토마토 페이스트를 한참 볶아 텁텁한 맛을 없애고 검붉은 빛깔이 나오도록 한다.

• 소스는 간이 많이 되지 않은 음식에 곁들이는 것이므로 간이 싱겁지 않도록 한다.

타르타르소스
Tartar Sauce

20분

요구
사항

주어진 재료를 사용하여 다음과 같이 타르타르소스를 만드시오.

1. 다지는 재료는 0.2cm의 크기로 하고, 파슬리는 줄기를 제거하여 사용하시오.

2. 소스는 농도를 잘 맞추어 100mL 이상 제출하시오.

유의
사항

1. 소스의 농도가 너무 묽거나 되지 않아야 한다.

2. 채소의 물기 제거에 유의한다.

⅋ 나머지 유의 사항은 40쪽 공통 사항 참고

마요네즈	70g	**레몬**(길이(장축)로 등분)	1/4개	**흰 후춧가루**	2g
오이 피클(개당 25~30g)	1/2개	**파슬리**(잎, 줄기 포함)	1줄기	**달걀**	1개
양파(중, 150g)	1/10개	**소금**(정제염)	2g	**식초**	2mL

만드는 법

1. 주어진 재료가 지급 재료 목록표와 맞는지 확인한다.

2. 냄비에 찬물과 달걀을 넣고 식초와 소금을 약간 넣어 물이 끓기 시작하면 달걀을 12분간 완숙으로 삶은 후 꺼내 찬물에 식혀 껍데기를 벗긴다.

3. 양파는 0.2cm 크기로 곱게 다져 소금을 뿌려 뒀다가 물기가 생기면 면포에 싸서 물에 헹군 후 물기를 꼭 짠다.

▲ 재료를 곱게 다진다.

4. 오이 피클은 양파와 같은 크기로 다진 후 물기를 살짝 짠다.

5. 삶은 달걀은 흰자와 노른자를 함께 곱게 다져 놓는다. 체에 내려도 좋다.

6. 레몬은 즙을 짤 수 있도록 가운데 부분의 섬유질을 제거해 둔다.

7. 파슬리는 잎 부분을 곱게 다져 면포에 감싸 물에 헹궈 물기를 꼭 짜서 파슬리가루를 만든다.

▲ 준비한 재료에 마요네즈를 넣는다.

8. 다진 재료를 모두 합하여 볼에 넣고 재료 분량의 1.5배 정도의 마요네즈를 넣어 잘 버무린다. 이때 파슬리가루는 약간 남겨 둔다.

9. 소금, 흰 후춧가루, 식초, 레몬즙으로 간을 한 후 그릇에 담고 파슬리가루를 뿌려 낸다.

▲ 레몬즙을 넣어 마무리한다.

정보

- 양파, 오이 피클 등 재료의 물기를 짜지 않고 소스를 만들면 완성 후 시간이 지나면서 삼투압 작용으로 소스 그릇 가장자리에 이액 현상이 생기므로 주의한다.
- 타르타르소스는 생선이나 새우, 굴 등의 해산물 커틀릿(cutlet)에 곁들이는 소스이다.
- 소스의 농도가 너무 되지 않도록 하고 레몬즙이나 물을 넣어 농도를 맞춘다.

사우전아일랜드드레싱
Thousand Island Dressing

⏱ 20분

주어진 재료를 사용하여 다음과 같이 사우전아일랜드드레싱을 만드시오.

1. 드레싱은 **핑크빛**이 되도록 하시오.

2. 다지는 재료는 **0.2cm** 정도의 크기로 하시오.

3. 드레싱은 농도를 잘 맞추어 **100mL 이상** 제출하시오.

1. 다진 재료의 물기를 제거한다.

※ 나머지 유의 사항은 40쪽 공통 사항 참고

마요네즈	70g	**청피망**(중, 75g)	1/4개	**달걀**	1개
오이 피클(개당 25~30g)	1/2개	**토마토케첩**	20g	**식초**	10mL
양파(중, 150g)	1/6개	**소금**(정제염)	2g		
레몬(길이(장축)로 등분)	1/4개	**흰 후춧가루**	1g		

만드는 법

1. 주어진 재료가 지급 재료 목록표와 맞는지 확인한다.

2. 냄비에 찬물과 달걀을 넣고 식초와 소금을 약간 넣어 물이 끓기 시작하면 달걀을 12분간 완숙으로 삶은 후 꺼내 찬물에 식혀 껍데기를 벗긴 다음, 물기를 제거하고 노른자와 흰자를 함께 곱게 다진다. 체에 내려도 좋다.

▲ 재료를 곱게 다진다.

3. 양파는 0.2cm 크기로 곱게 다져 소금을 뿌려 뒀다가 물기가 생기면 면포에 싸서 물에 헹군 후 물기를 꼭 짠다.

4. 청피망과 오이 피클은 양파와 같은 크기로 잘게 다진 후 물기를 제거한다.

5. 레몬은 즙을 짤 수 있도록 가운데 부분의 섬유질을 제거해 둔다.

▲ 마요네즈와 케첩을 섞어 색을 맞춘다.

6. 마요네즈와 토마토케첩은 잘 섞어 핑크빛으로 색을 맞춘 후 다진 재료를 모두 넣고 섞는다.

7. 소금과 흰 후춧가루로 맛을 내고 레몬즙과 식초를 섞어 약간 흐를 정도로 농도를 맞춘 후 그릇에 담아낸다.

▲ 다진 채소를 넣고 잘 섞는다.

정보

• 사우전아일랜드(thousand island)라는 이름은 드레싱에 1,000개의 섬이 떠 있는 것처럼 보인다고 하여 붙여진 것으로, 채소 샐러드에 주로 사용한다.

• 소스와 건더기의 비율은 3 : 1 정도로 하고 타르타르소스보다는 묽게 농도를 맞춘다.

• 농도는 조금 흐를 듯해야 하므로 레몬즙이나 물을 넣어 농도를 맞춰 준다.

브라운스톡
Brown Stock

⏱ 30분

**요구
사항**

주어진 재료를 사용하여 다음과 같이 브라운스톡을 만드시오.

1. 스톡은 맑고 **갈색**이 되도록 하시오.
2. 소뼈는 찬물에 담가 핏물을 제거한 후 **구워서** 사용하시오.
3. 당근, 양파, 셀러리는 얇게 썬 후 **볶아서** 사용하시오.
4. 향신료로 **사세데피스**(sachet dèpice)를 만들어 사용하시오.
5. 완성된 스톡은 200mL **이상** 제출하시오.

**유의
사항**

1. 불 조절에 유의한다.
2. 스톡이 끓을 때 생기는 거품을 걷어 내야 한다.
   ※ 나머지 유의 사항은 40쪽 공통 사항 참고

소뼈(2~3cm, 자른 것)	150g	**셀러리**	30g	**식용유**	50mL
양파(중, 150g)	1/2개	**검은 통후추**	4개	**면실**	30cm
당근(둥근 모양이 유지되게 등분)	40g	**월계수잎**	1잎	**다임**(fresh, 2g 정도)	1줄기
토마토(중, 150g)	1개	**정향**	1개	**다시백**(10×12cm)	1개
파슬리(잎, 줄기 포함)	1줄기	**버터**(무염)	5g		

만드는법

1. 주어진 재료가 지급 재료 목록표와 맞는지 확인한다.

2. 소뼈는 살과 지방을 제거한 후 찬물에 담가 핏물을 빼고 끓는 물에 살짝 데쳐 불순물을 제거한다.

3. 양파, 당근, 셀러리는 얇게 채를 썬다.

4. 토마토는 열십자로 칼집을 넣어 끓는 물에 데쳐 찬물에 식힌 후 껍질과 씨를 제거하고 굵게 다진다.

5. 팬에 버터와 식용유를 두르고 소뼈를 진한 갈색이 나도록 굽고, 팬의 한쪽 옆에서는 썰어 놓은 양파, 당근, 셀러리와 다진 토마토를 갈색이 나도록 볶는다.

6. 다시백에 월계수잎, 정향, 검은 통후추, 파슬리, 다임(thyme)을 넣고 입구를 잘 오므려 사세데피스를 만든다.

7. 구운 소뼈와 볶은 채소, 사세데피스를 냄비에 넣고 물 3컵을 부은 후 냄비 뚜껑을 연 채로 은근히 끓이며 도중에 떠오르는 거품과 기름기를 걷어낸다.

8. 국물이 1컵(200mL) 정도로 졸아 맛과 색이 우러나면 면포에 깨끗이 걸러 그릇에 담아낸다(200mL보다 적으면 안 된다).

▲ 소뼈와 채소를 진한 갈색으로 볶는다.

▲ 사세데피스를 만든다.

▲ 끓이는 도중에 거품을 걷어낸다.

- 브라운스톡은 갈색 육수이다. 색을 잘 내려면 소뼈나 채소를 갈색으로 충분히 볶아야 한다.
- 소뼈와 채소를 지나치게 센 불에 볶으면 국물에서 쓴맛이 나므로 중간 불에서 은근히 볶는다.
- 완성된 음식이 아니라 수프, 소스 등에 사용하는 육수이므로 마지막에 소금 간을 하지 않도록 유의한다.
- 사세데피스는 프랑스어로 향신료 주머니를 뜻하는 말이다.

양식 조리기능사 실기

2002년 3월 15일 1판 1쇄
2023년 2월 10일 6판 1쇄

저자 : 박지형 · 박상희 · 박영미 · 송연미
펴낸이 : 이정일

펴낸곳 : 도서출판 **일진사**
www.iljinsa.com

(우)04317 서울시 용산구 효창원로 64길 6
대표전화 : 704-1616, 팩스 : 715-3536
이메일 : webmaster@iljinsa.com
등록번호 : 제1979-000009호(1979.4.2)

값 **18,000원**

ISBN : 978-89-429-1764-8